数学与生活

主　编　张从文　卢松林
副主编　韦洁华　吴中华
参编人员　张建国　邹尚成　孟庆志　谭文燕

北京理工大学出版社
BEIJING INSTITUTE OF TECHNOLOGY PRESS

内 容 简 介

本书选用与生活相关的较为简单的数学案例,在保证学生学习兴趣的基础之上,介绍概率与统计、微积分、线性代数、图论及博弈论的基础知识,同时穿插若干与各专业相关的如连续复利、数据统计等数学知识.在保证科学性的基础上,注意讲清概念,减少论证,力求简洁、通俗,符合学生的学习心理,既可以引起学生的学习兴趣,也可以锻炼学生的数学思维,还能提高学生的数学运算能力.

从总体上看,本书脉络清晰,难易程度安排适当,结构完整,各类题型设计合理,不仅可以作为高等院校大学生的数学教材,也可供各类数学爱好者学习.

版权专有　侵权必究

图书在版编目（CIP）数据

数学与生活 / 张从文,卢松林主编. — 北京：北京理工大学出版社,2021.6（2023.8 重印）
ISBN 978-7-5682-9913-8

Ⅰ.①数… Ⅱ.①张… ②卢… Ⅲ.①数学-普及读物 Ⅳ.①O1-49

中国版本图书馆 CIP 数据核字（2021）第 109319 号

出版发行 /	北京理工大学出版社有限责任公司
社　　址 /	北京市海淀区中关村南大街 5 号
邮　　编 /	100081
电　　话 /	（010）68914775（总编室）
	（010）82562903（教材售后服务热线）
	（010）68944723（其他图书服务热线）
网　　址 /	http://www.bitpress.com.cn
经　　销 /	全国各地新华书店
印　　刷 /	河北盛世彩捷印刷有限公司
开　　本 /	787 毫米×1092 毫米　1/16
印　　张 /	9
字　　数 /	206 千字
版　　次 /	2021 年 6 月第 1 版　2023 年 8 月第 3 次印刷
定　　价 /	36.50 元

责任编辑 / 孟祥雪
文案编辑 / 孟祥雪
责任校对 / 周瑞红
责任印制 / 李志强

图书出现印装质量问题,请拨打售后服务热线,本社负责调换

前 言

当前，高等职业教育作为我国高等教育的重要组成部分，有着极好的发展机遇，同时国家经济、科技和社会发展也对高等职业教育人才的培养提出了更高的要求，为了适应教育发展的要求，急需编写适用的、具有特色的教材，本教材正是针对这一需求编写的.

随着高校大范围地扩招学生，直接导致处于招生最后一档的高职院校入校学生平均数学水平有所下降. 本教材是根据这种实际情况，在认真总结多年高职教育数学教学改革经验的基础之上编写而成的. 教材内容选取了和生活密切相关的概率论、微积分、线性代数及图论和博弈论等部分内容，以"从生活中引入数学"为基本编写思路，在保证学生学习兴趣的基础之上，尽可能多地介绍相关的数学知识，既考虑了人才培养的应用性，又能使学生具有一定的可持续发展性.

数学课程是培养学生计算、逻辑推理、抽象思维和空间想象以及应用知识能力必不可少的一门课程，是高等职业教育各专业的一门重要公共基础课程. 在编写过程中，我们综合吸收了大量优秀教材的特点，密切结合当前高等职业教育教学改革的实际，充分将数学知识与实际生活联系起来，在保证科学性的基础上，注意讲清概念，减少论证，力求简洁、通俗，符合学生的学习心理，方便学生对高等数学的学习、理解和应用.

本教材主要具有以下特点.

（1）本着介绍"生活中的数学"的原则，选取生活中较常见的一些问题，融入数学知识. 恰当把握教学内容的深度与广度，适度保持数学自身的系统性与逻辑性，以适合于高等职业院校学生的实际数学水平.

（2）强调数学的思想和方法，注意体现启发式教学的直观性教学的原则，考虑学习对象的状况及特点，每章节开始都尽可能地引入生活中的实例，再逐步融入所需的数学知识. 在讲述基本公式、概念和定理的过程中，注意其几何图形的直观阐述，用实例引入抽象概念的讲解，加强与实际应用联系较多的基础知识、基本方法、基本技能的训练.

（3）例题、习题是教材的窗口，集中展示了教学意图，书中例题、习题的类型和数量配置合理，经过精心设计和编选，例题力求清晰明了，并总结不同类型题目的解题思路；对学生容易出错的地方，给出了"注意"予以提醒. 每节后配有练习题，方便练习巩固.

（4）在绝大多数的章节最后，点缀了课程思政的内容，符合当今时代的要求.

另外，本教材中带有"＊"的内容，读者可根据实际需要选学.

本教材由张从文、卢松林任主编，韦洁华、吴中华任副主编，张建国、邹尚成、孟庆志、谭文燕参与编写工作。具体分工如下：第一章由卢松林、张建国联合编写，第二章由张从文、韦洁华、邹尚成、孟庆志和谭文燕联合编写，第三章由韦洁华编写，第四章由吴中华编写，附录由卢松林编写，最后由卢松林总纂定稿。以上编写人员中，谭文燕老师任职于广东科技学院，其他老师均任职于广州南洋理工职业学院.

本教材为教改教材,是对高职数学教学进行的初步尝试. 由于编者水平有限,书中难免有疏漏和不足之处,敬请广大师生和读者批评指正.

编 者

目录

第1章 生活中的概率 1
§1.1 彩票中的概率 1
习题 1-1 5
§1.2 乒乓球比赛中的概率 5
习题 1-2 8
§1.3 成功学中的概率 9
习题 1-3 12
§1.4 二手车买卖中的概率 12
习题 1-4 15

第2章 生活中的微积分 16
§导读 有限与无限 16
习题 20
§2.1 极限 21
习题 2-1 26
§2.2 函数的连续性 27
习题 2-2 31
§2.3 货币的时间价值 31
习题 2-3 33
§2.4 单利与复利 33
习题 2-4 34
§2.5 连续复利 34
习题 2-5 37
§2.6 导数的概念 37
习题 2-6 44
§2.7 函数的求导法则 45
习题 2-7 49
§2.8 高阶导数隐函数求导及参数方程求导 50
习题 2-8 52
§2.9 微分及其应用 52
习题 2-9 57
§2.10 导数的应用 58

习题 2-10 ……………………………………………………………… 63
　§2.11　石油消耗量问题 ………………………………………………… 63
　　习题 2-11 ……………………………………………………………… 68
　§2.12　木酒桶的容量 …………………………………………………… 68
　　习题 2-12 ……………………………………………………………… 76
第 3 章　线性代数之密码问题 ……………………………………………… 77
　§3.1　行列式初步 ………………………………………………………… 77
　　习题 3-1 ………………………………………………………………… 83
　§3.2　矩阵 ………………………………………………………………… 83
　　习题 3-2 ………………………………………………………………… 93
　§3.3　逆矩阵 ……………………………………………………………… 93
　　习题 3-3 ………………………………………………………………… 98
　§3.4　线性代数在密码学中的应用 ……………………………………… 98
　　习题 3-4 ……………………………………………………………… 100
第 4 章　图论与博弈论漫谈 ……………………………………………… 101
　§4.1　七桥问题 ………………………………………………………… 101
　　习题 4-1 ……………………………………………………………… 105
　§4.2　博弈论概论 ……………………………………………………… 106
　§4.3　均势博弈 ………………………………………………………… 112
　§4.4　智猪博弈 ………………………………………………………… 116
附录一　常用初等数学公式 ……………………………………………… 120
附录二　常用积分公式 …………………………………………………… 123
参考文献 …………………………………………………………………… 133

第1章 生活中的概率

§1.1 彩票中的概率

说起彩票众人皆知，据统计，目前中国的彩民数量超过 4 亿人，约占据全国人口的三分之一．彩票最早出现在 2 000 年前的古罗马，类似于如今我们娱乐时所玩的扑克牌类游戏．随着时间的推移，西方的一些国家开始慢慢接触到彩票，清朝末年曾担任美国、西班牙、秘鲁大使的崔国因于 1890 年的《出使美、西、秘日记中》记载了有关彩票的由来．据记载，最早接触彩票的国家是西班牙，西班牙在最初是老牌的帝国主义国家，后来因为国内形势的逐渐衰弱、财政出现危机等情况，当时的西班牙政府决定要求每个人每个月要按自己的收入缴纳税收；同时政府也发放了类似于如今彩票的博彩行业，并规定将所售彩票款提取四分之一纳入国库缓解危机，剩下的四分之三金额分为一、二、三等奖项分给中奖者．真正把彩票带入中国的国家是菲律宾，而菲律宾当时还是西班牙的殖民地，所以菲律宾所带入中国的彩票，其实也就是西班牙彩票．而彩票打开中国大门是鸦片战争之后，中国被迫开放，许多国外的事物才得以流入中国．但在彩票最开始进入中国的时候并没有受到太多的欢迎，甚至当时中国政府对此事物一直保留着观望的态度．不过随着时间的推移，彩票也开始慢慢在当时国内的租界一带流行开来，甚至出现了规模性的发展．

目前，在我国彩票业是由政府主办的，是筹集社会公益资金的重要渠道．国家对彩票发行实行法律保护，并通过法律进行公众监督与检查．我国彩票主要包括福利彩票和体育彩票两种，细分下来品种繁多，最著名的是双色球和超级大乐透．那么，彩票里面蕴含了哪些数学知识？我们有可能通过研究来提高中奖率吗？下面我们通过对双色球彩票的分析，来学习一下彩票中的相关数学知识．

一、随机事件及其概率

双色球投注由两部分组成，分别为红球号码区和蓝球号码区，红球号码范围为 01～33，蓝球号码范围为 01～16．双色球每期从 33 个红球中开出 6 个号码，从 16 个蓝球中开出 1 个号码作为中奖号码，双色球玩法即是竞猜开奖号码的 6 个红球号码和 1 个蓝球号码，顺序不限．设奖及中奖情况如表 1-1 所示：

表 1-1

奖级	中奖说明	单注奖金
一等奖	中 6+1	高等奖奖金的 75% 与奖池奖金之和除以中奖注数
二等奖	中 6+0	高等奖奖金的 25% 除以中奖注数

续表

奖级	中奖说明	单注奖金
三等奖	中 5+1	3 000 元
四等奖	中 5+0	200 元
	中 4+1	
五等奖	中 4+0	10 元
	中 3+1	
六等奖	中 2+1	5 元
	中 1+1	
	中 0+1	

在这里我们不讨论奖金多少，仅分析其中的中奖概率. 下面先介绍一下相关数学知识.

（一） 随机事件

定义 1 在一定条件下，重复进行某种试验或观察，其结果总是确定的，这类现象称为**确定性现象**. 在一定条件下，重复进行某种试验或观察，可能出现这种结果，也可能出现另一种结果，到底出现哪种结果，事先不能确定，这类现象称为**随机现象（不确定性现象）**.

显然，双色球开奖结果属于随机现象.

定义 2 若某试验满足下列条件：

（1）试验可以在相同条件下重复进行；

（2）每次试验的可能结果不止一个，但能事先明确试验的所有可能结果；

（3）每次试验前不能确定哪个结果将出现.

则将该试验称为**随机试验**，简称**试验**，并用字母 E 表示.

随机试验的结果称为**随机事件**，简称**事件**，常用大写字母 A，B，C 等来表示. 每次试验中一定发生的事件称为必然事件，用 Ω 表示. 每次试验中一定不发生的事件称为不可能事件，用 $\varnothing$ 表示.

在随机试验中，不能再分解的事件称为**基本事件**或**样本点**，一般用 e 表示. 由两个或两个以上基本事件组成的事件称为**复合事件**. 一个随机试验的全体基本事件组成的集合称为**样本空间**，一般用 Ω 表示.

定义 3 若某随机试验满足以下两个条件：

（1）试验中所有可能出现的基本事件只有有限个；

（2）试验中每个基本事件出现的可能性相等.

则称这类概率模型为**古典概率模型**，简称**古典概型**，也叫**等可能概型**. 古典概型在生活中大量存在，如抛硬币试验、掷骰子游戏等. 显然，双色球彩票也属于古典概型.

古典概型的特点：

（1）有限性，即所有可能出现的基本事件只有有限个；

（2）等可能性，即每个基本事件出现的可能性相等.

（二）随机事件的概率

定义 4 若古典概型中基本事件的总个数为 n，事件 A 所包含的基本事件个数为 m，则称比值 $\dfrac{m}{n}$ 为事件 A 的**概率**，记为 $P(A)$，即

$$P(A)=\dfrac{A\text{ 包含的基本事件数}}{\text{基本事件总数}}=\dfrac{m}{n}$$

例如：抛硬币试验中结果为正面的概率为 0.5，结果为反面的概率也为 0.5；掷骰子游戏中结果为 1 的概率为 $\dfrac{1}{6}$.

例 1 双色球彩票中选中蓝色号码的概率是多少？

解 双色球彩票中蓝色号码是从 01~16 共 16 个号码中选出一个中奖号码，故其基本事件总数为 16，而选中中奖号码的基本事件数为 1，所以，双色球彩票中选中蓝色号码的概率为 $\dfrac{1}{16}$.

那么，在双色球彩票中，红色号码区选中 6 个红色中奖号码的概率又是多少呢？6 个红色号码和 1 个蓝色号码都中的概率又是多少呢？要解决这个问题需要计算出这些基本事件的总数，这需要用到以下数学知识.

（三）排列与组合

加法原理：假设完成某件事情有 n 类不同的方法，其中第 1 类方法中有 m_1 种不同的方法；第 2 类方法中有 m_2 种不同的方法；……；在第 n 类方法中有 m_n 种不同的方法，那么完成这件事情总共就有 $m_1+m_2+\cdots+m_n$ 种方法.

例如，假设从甲地到乙地共有汽车、高铁和飞机 3 类交通方式，其中汽车每天 5 班，高铁每天 8 班，飞机每天 2 班. 那么由加法原理可知，从甲地到乙地一天共有 $5+8+2=15$ （种）交通方式可供选择.

乘法原理：假设完成某件事情需要分 n 个步骤，其中第 1 个步骤中有 m_1 种不同的方法，第 2 个步骤中有 m_2 种不同的方法，……，在第 n 个步骤中有 m_n 种不同的方法，那么完成这件事情总共就有 $m_1 m_2 \cdots m_n$ 种方法.

例如，假设从甲地到乙地必须经过中间的丙地，即需要分成 2 个步骤，先由甲地到达丙地，然后由丙地到达乙地. 其中由甲地到达丙地共有 3 条路可选，由丙地到达乙地有 4 条路可选. 那么由乘法原理可知，从甲地到乙地共有 $3\times 4=12$ （种）路线可供选择.

例 2 在我国，以 136 开头的移动电话号码总共可以有多少个？

解 我国移动电话的号码固定为 11 位，以 136 开头的号码，后面 8 位可供选择. 我们分成 8 步骤来完成，每一步完成一位，显然每一位有 0~9 共 10 个数字可以选择. 所以，由乘法原理可知，在我国以 136 开头的移动电话号码总共可以有 10^8 个.

定义 5 从 n 个不同元素中任取 m ($m\leqslant n$，且 m、n 均为自然数)个不同的元素，按照一定

的顺序排成一列，叫作从 n 个不同元素中取出 m 个元素的一个排列；从 n 个不同元素中取出 $m(m \leq n)$ 个元素的所有排列的个数，叫作从 n 个不同元素中取出 m 个元素的排列数，用符号 A_n^m 表示.

根据乘法原理可知，排列数的计算公式为

$$A_n^m = n(n-1)(n-2)\cdots(n-m+1) = \frac{n!}{(n-m)!}$$

其中，$n!$ 称为 n 的阶乘，且 $n! = 1 \cdot 2 \cdot 3 \cdot \cdots \cdot n$. 另外，规定 $0! = 1$.

定义 6 从 n 个不同元素中任取 $m(m \leq n$，且 m、n 均为自然数$)$ 个不同的元素组成一组（不考虑顺序），叫作从 n 个不同元素中取出 m 个元素的一个组合；从 n 个不同元素中取出 $m(m \leq n)$ 个元素的所有组合的个数，叫作从 n 个不同元素中取出 m 个元素的组合数，用符号 C_n^m 表示.

显然，排列可以分成两步完成，第一步先选出一个组合，第二步对选出的组合进行全排列，根据乘法原理可得：$A_n^m = C_n^m \cdot A_m^m$. 由此可得出组合数的计算公式为

$$C_n^m = \frac{A_n^m}{A_m^m} = \frac{n!}{m!(n-m)!}$$

例 3 某班共有学生 30 名，老师出了一道题想让 3 名学生到黑板上来解答，请问：老师共有多少种不同的选择？若是有 3 道不同的题目呢？

解 从 30 名学生中选择 3 名学生出来答题，若是只有一道题，则选择与 3 名学生的顺序无关，即为组合数，老师共有的选择数为

$$C_{30}^3 = \frac{30!}{3!(30-3)!} = \frac{1 \times 2 \times 3 \times \cdots \times 30}{1 \times 2 \times 3 \times 1 \times 2 \times 3 \times \cdots \times 27} = \frac{28 \times 29 \times 30}{1 \times 2 \times 3} = 4\ 060$$

若是 3 道不同的题目，则选择与 3 名学生的顺序有关，即为排列数，老师共有的选择数为

$$A_{30}^3 = \frac{30!}{(30-3)!} = \frac{1 \times 2 \times 3 \times \cdots \times 30}{1 \times 2 \times 3 \times \cdots \times 27} = 28 \times 29 \times 30 = 24\ 360$$

例 4 双色球选中 6 个红色号码的概率是多少？中一等奖（即选中 6 个红色号码和 1 个蓝色号码）的概率是多少？

解 从 33 个红色号码中选的 6 个号码与顺序无关，所以为组合数，共有的可能性为（即基本事件总数）

$$C_{33}^6 = \frac{33!}{6!(33-6)!} = \frac{1 \times 2 \times 3 \times \cdots \times 33}{1 \times 2 \times 3 \times 4 \times 5 \times 6 \times 1 \times 2 \times 3 \times \cdots \times 27}$$

$$= \frac{28 \times 29 \times 30 \times 31 \times 32 \times 33}{1 \times 2 \times 3 \times 4 \times 5 \times 6} = 1\ 107\ 568$$

中奖的 6 个红色号码（基本事件数）只有 1 种，所以，选中 6 个红色号码的概率为 $\frac{1}{1\ 107\ 568}$. 另外，由乘法原理可知，选 6 个红色号码和 1 个蓝色号码总共有的可能性为：$C_{33}^6 \cdot C_{16}^1 = 1\ 107\ 568 \times 16 = 17\ 721\ 088$，而一等奖只有 1 种号码，所以中一等奖的概率

为 $\dfrac{1}{17\,721\,088}$.

其他等级奖项的中奖概率,读者可自行计算.

课程思政:

我们国家仍然存在着比较贫穷、落后的地方,这些都需要国家资金的帮扶. 国家发行彩票是为了筹集资金用于国家福利事业、体育事业等,购买彩票是支持国家公益事业、献爱心的行为. 通过上面的学习,我们可以看到,彩票中大奖的概率极低,所以,千万不能抱有侥幸心理,将购买彩票作为发家致富的手段. 只有通过脚踏实地的学习和工作,才能实现我们的事业和理想.

习题 1-1

1. 我国六位数的邮政编码总共可以表示多少个不同地区?
2. 掷 3 个骰子的游戏中,出现 3 个骰子点数一样的概率是多少?
3. 体育彩票"超级大乐透"是我国著名的两大彩票之一,是"35 选 5 加 12 选 2"的双区选号玩法,开奖为从 01~35 共 35 个号码中选取 5 个号码为前区号码,并从 01~12 共 12 个号码中选取 2 个号码为后区号码,组合在一起共 7 个号码为中奖号. 若彩民自己购买的彩票 7 个号码和中奖号码一致,即为中得一等奖,试求此概率.

§1.2 乒乓球比赛中的概率

乒乓球起源于英国. 19 世纪末,欧洲盛行网球运动,但由于受到场地和天气的限制,英国有些大学生便把网球移到室内,以餐桌为球台,书作球网,用羊皮纸做球拍,在餐桌上打来打去. 1890 年,几位驻守印度的英国海军军官改用实心橡胶代替弹性不大的实心球,随后改为空心的塑料球,并用木板代替了网拍,这就是最早的乒乓球的由来.

乒乓球出现不久,便成了一种风靡一时的热门运动. 在名目繁多的乒乓球比赛中,最负盛名的是世界乒乓球锦标赛,起初每年举行一次,1957 年后改为两年举行一次.

乒乓球比赛是一项智能和技能含量很高的运动. 而这项运动中时常出现的擦边球又是怎么一回事呢? 擦边球(Edge Ball,Touch Ball)是乒乓球这项体育运动的专用术语,是指球打在球台的边缘. 实际上,球台分上檐、侧边、下檐,只有球接触上檐才算擦边. 而实际比赛中擦边球分两种:一种是球打在球台上檐,判得分;另一种是球打在球台下檐,不能判得分.

当然,在本章节我们不讨论擦边球的判定及是否得分,只考虑蕴含在其中的数学问题. 根据概率论的知识可知,在理论上,擦边球出现的概率为零,但为什么在乒乓球比赛中,擦边球却时常出现呢? 我们知道,必然事件的概率为 1,不可能事件的概率为 0. 难道说,概率为 0 的事件不一定是不可能事件? 为了一探究竟,我们先来学习一下相关数学知识.

一、几何概型

1. 几何概型的概念

定义 如果每个事件发生的概率只与构成该事件区域的长度（面积或体积）成比例，则称这样的概率模型为几何概率模型（Geometric Models of Probability），简称为几何概型.

如果把事件 A 理解为区域 Ω 的某一个子区域 A，A 的概率只与子区域 A 的几何度量（长度、面积或体积）成正比，而与 A 的位置和形状无关，那么满足以上条件的概率模型就为几何概型.

对于一个随机试验，如果我们将每个基本事件理解为从某特定的几何区域内随机地取一点，则该区域内每一点被取到的机会都一样；而一个随机事件的发生则理解为恰好取到上述区域内的某个指定区域内的点. 这里的几何区域可以是线段，也可以是平面图形、立体图形. 这样，我们就把随机事件与几何区域联系在一起了.

2. 几何概型的特点

（1）无限性：试验中所有可能出现的结果（基本事件）有无限多个；
（2）等可能性：每个基本事件出现的可能性相等.

几何概型与古典概型的主要区别在于：古典概型与几何概型中基本事件发生的可能性都是均等的，但古典概型要求基本事件有有限个，几何概型要求基本事件有无限多个.

随机事件 A "从正整数中任取两个数，其和为偶数" 是否为几何概型？尽管这里事件 A 满足几何概型的两个特点：有无限多个基本事件，且每个基本事件的出现是等可能的，但它不满足几何概型的基本特征——**能进行几何度量**. 所以，事件 A 不是几何概型.

几何概型的两个特点（无限性和等可能性）不是判定一个事件是否为几何概型的基本特征，要判定一个随机事件是否为几何概型，关键是看它是否具有几何概型的本质特征——能进行 "几何度量"，不过掌握几何概型的两个特点有利于区分几何概型与古典概型.

二、几何概型的计算公式

几何概型中，事件 A 的概率计算公式如下：

$$P(A) = \frac{\text{构成事件 } A \text{ 的区域长度（面积或体积）}}{\text{试验的全部结果所构成的区域长度（面积或体积）}}$$

记为 $P(A) = \dfrac{m(A)}{m(\Omega)}$.

我们把每个基本事件理解为某个特定的几何区域内随机地取一点，该区域中每一点被取到的机会都一样，而一个随机事件的发生则理解为恰好取到上述区域内的某个指定区域中的点，这样的概率模型可以用几何概型来求解.

例如，（1）x 的取值是区间 $[1,4]$ 上的**整数**，任取一个 x 的值，求 "取得的值大于等于 2" 的概率，这里所有基本事件的个数是有限的，事件 A 所包含的基本事件的个数为 3，（古典概型）则

$$P(A) = \frac{3}{4}$$

(2) x 的取值是区间 $[1,4]$ 上的**实数**，任取一个 x 的值，求"取得的值大于等于 2"的概率，这里所有基本事件的个数是无限的，事件 A 所包含的基本事件的个数为 2，（几何概型）则

$$P(A) = \frac{2}{3}$$

例 1 公共汽车在 0～5 min 内随机地到达车站，求汽车在 1～3 min 到达的概率．

思路分析 本题考查几何概型的计算方法．时间是连续的、是无限的，在题设条件下这是几何概型，求出问题的 Ω 和 A，则问题可以解决．

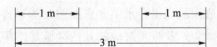

解 将 0～5 min 这段时间看作一段长为 5 个单位长度的线段，则 1～3 min 是这一线段中的 2 个单位长度．设"汽车在 1～3 min 到达"为事件 A，则

$$P(A) = \frac{2}{5}$$

方法归纳 求与长度有关的几何概型的方法，是把题中所表示的几何模型转化为线段的长度，然后求解，应特别注意准确表示所确定的线段的长度．

例 2 取一根长度为 3 m 的绳子，拉直后在任意位置剪断，那么剪得两段的长度都不小于 1 m 的概率有多大？

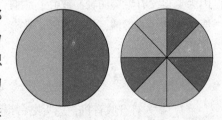

解 由题意可设"剪得两段绳长都不小于 1 m"为事件 A，则把线段三等分，当剪断中间一段时，事件 A 发生，故由几何概型的知识可知，事件 A 发生的概率为

$$P(A) = \frac{1}{3}$$

例 3 如图所示的单位圆，假设你在每一个图形上随机撒一粒黄豆，分别计算它落到阴影部分的概率．

解 由题意可设"豆子落在第一个图形的阴影部分"为事件 A，"豆子落在第二个图形的阴影部分"为事件 B．则有基本事件的全部 Ω 对应的几何区域为面积为 1 的单位圆，事件 A 对应的几何区域为第一个图形的阴影部分面积 $\frac{1}{2}$，事件 B 对应的几何区域为第二个图形阴影部分面积 $\frac{3}{8}$．故由几何概型的知识可知，事件 A、B 发生的概率分别为

$$P(A)=\frac{1}{2},\ P(B)=\frac{3}{8}.$$

思考：在单位圆内有一点 A，现在随机向圆内扔一颗小豆子（如图所示）

(1) 求小豆子落点正好为点 A 的概率；

(2) 求小豆子落点不为点 A 的概率．

读者可以自行思考一下这个问题．

由上面思考的问题，我们可以得出以下结论：

(1) 若 A 是不可能事件，则 $P(A)=0$；注意，此逆命题并不成立．即**概率为 0 的事件不一定是不可能事件**．

(2) 若 A 是必然事件，则 $P(A)=1$；注意，此逆命题也不成立．即**概率为 1 的事件不一定是必然事件**．

现在让我们回到开头的乒乓球擦边球的问题上来，设"乒乓球落在球台的上边檐"为事件 A，则基本事件的全部 Ω 对应的几何区域的面积就是整个球台的面积，事件 A 对应的几何区域的面积为 0，故事件 A 发生的概率为

$$P(A)=0$$

所以，在几何概型中，理论上擦边球发生的概率等于 0，但在乒乓球比赛中，擦边球却时有发生．

这也印证了前面的结论：**概率为 0 的事件不一定是不可能性事件**．

例 4 有一杯 1 L 的水，其中含有 1 个细菌，用一个小杯从这杯水中取出 0.1 L 水，求小杯水中含有这个细菌的概率．

解 由题意可知，设"取出的 0.1 L 水中含有细菌"为事件 A，则基本事件的全体 Ω 对应的几何区域是体积为 1 L 的水，事件 A 对应的几何区域是体积为 0.1 L 的水．故由几何概型的知识可知，事件 A 发生的概率为

$$P(A)=\frac{1}{10}$$

课程思政：

从上面的学习我们知道，概率为 0 的事件不一定是不可能事件．当我们面对困难时，可能会因为觉得没有希望而轻易放弃，然而，生活中很多的奇迹，都是在不断坚持下创造的．所以，只要认定是对的事情，绝不要轻易放弃，时刻牢记不断的努力和坚持是我们走向成功的基础．

习题 1-2

1. 某人打开收音机，想听电台报时，求他等待的时间小于 10 min 的概率．（电台整点报时）

2. 在边长为 4 的正方形中有一个半径为 1 的圆．设向这个正方形中随机投一点 M，求点 M 落在圆内的概率．

3. 500 mL 水样中有一只草履虫，从中随机取出 2 mL 水样放在显微镜下观察，求发现草履虫的概率．

§1.3 成功学中的概率

我们都知道，无论做任何事情，只要专心致志地坚持，就一定会获得一个较高的成功率. 本节简要地介绍一些与集合和概率论相关的知识，通过学习随机事件与概率的有关内容，发掘同学们感兴趣的故事点，培养大家数学学习的兴趣，为我们后续学习打下坚实的基础.

一、事件之间的关系与运算

1. 事件之间的关系

（1）包含关系.

若事件 B 发生必然导致事件 A 发生，则称事件 A 包含事件 B，记作 $A \supset B$ 或 $B \subset A$.

（2）相等关系.

若事件 A 所包含的基本事件与事件 B 所包含的基本事件完全相同，则称事件 A 与事件 B 相等，记作 $A=B$.

（3）互斥关系.

若事件 A 与事件 B 不可能同时发生，则称事件 A 与事件 B 互斥，或称事件 A 与事件 B 互不相容.

2. 事件之间的运算

（1）事件的和.

事件 A 与事件 B 中至少有一个发生的事件称为事件 A 与事件 B 的和（或并），记为 $A \cup B$ 或 $A+B$.

（2）事件的积.

事件 A 与事件 B 同时发生的事件称为事件 A 与 B 的积（或交），记为 AB 或 $A \cap B$.

（3）对立事件.

如果事件 A 与事件 B 中必有一个事件且仅有一个事件发生，即 $AB=\varnothing$，$A \cup B=\Omega$，则称事件 A 与事件 B 互为对立（或逆）事件. A 的对立事件记为 $\bar{A}$. $\bar{A}=\Omega-A$.

3. 事件运算的基本性质

（1）交换律. $A \cup B = B \cup A$，$A \cap B = B \cap A$.

（2）结合律. $A \cup (B \cup C) = (A \cup B) \cup C$，$A \cap (B \cap C) = (A \cap B) \cap C$.

（3）分配律. $A \cup (B \cap C) = (A \cup B) \cap (A \cup C)$，$A \cap (B \cup C) = (A \cap B) \cup (A \cap C)$.

（4）德·摩根律. $\overline{A \cup B} = \bar{A} \cap \bar{B}$，$\overline{A \cap B} = \bar{A} \cup \bar{B}$.

例1 某人连续投篮三次，设 $A_i = \{$第 i 次投篮命中$\}$ $(i=1,2,3)$，试用文字叙述下列事件. (1) $A_1 \cup A_2$；(2) $\bar{A_3}$；(3) $\bar{A_2} \cap \bar{A_3}$.

解 (1) $A_1 \cup A_2$ 表示"前两次投篮至少有一次命中".

(2) $\bar{A_3}$ 表示"第三次投篮未命中".

(3) $\overline{A_2} \cap \overline{A_3}$ 表示"后两次投篮均未命中".

二、频率与事件的独立性

1. 频率的定义

在相同条件下进行的 n 次重复试验中，事件 A 发生的次数 n_A 称为事件 A 的频数，比值 $\dfrac{n_A}{n}$ 称为事件 A 发生的频率，记为 $f_n(A)$，即 $f_n(A) = \dfrac{n_A}{n}$.

显然，频率具有以下性质：
(1) 对任一事件 A，$0 \leqslant f_n(A) \leqslant 1$；
(2) $f_n(\varnothing) = 0$，$f_n(\Omega) = 1$.

2. 事件的独立性

定理 1 事件 A 与 B 相互独立的充分必要条件是 $P(AB) = P(A)P(B)$.

定理 2 若事件 A，B 相互独立，则 $\overline{A}$ 与 B，A 与 $\overline{B}$，$\overline{A}$ 与 $\overline{B}$ 也相互独立.

事件的独立性概念可以推广到任意有限多个事件的情形. 例如，对于三个事件 A_1，A_2，A_3，如果有

$$P(A_1 A_2) = P(A_1) P(A_2)$$
$$P(A_1 A_3) = P(A_1) P(A_3)$$
$$P(A_2 A_3) = P(A_2) P(A_3)$$

则称事件 A_1，A_2，A_3 两两独立，若同时还有

$$P(A_1 A_2 A_3) = P(A_1) P(A_2) P(A_3)$$

则称事件 A_1，A_2，A_3 相互独立.

三、介绍两个重要的概率分布

1. 二项分布

一般地，在每次试验中，事件 A 或者发生或者不发生，若每次试验的结果与其他各次试验结果无关，同时在每次试验中，事件 A 发生的概率都为 p（$0<p<1$），则称这样的 n 次独立重复试验为 n 重伯努里（Bernoulli）试验.

在 n 重伯努里试验中，事件 A 发生的次数 X 是一个离散型随机变量，它服从二项分布

$$P(X=k) = C_n^k p^k (1-p)^{n-k}, \quad k = 0, 1, 2, \cdots, n$$

简记为

$$X \sim B(n, p)$$

说明：(1) n 和 p 为二项分布中的两个参数，n 是在相同条件下进行独立试验的次数，p 是在一次试验中事件 A 出现的概率，p 必须是一个小于 1 的正数.

(2) 当 $n=1$ 时，二项分布就是两点分布.

2. 泊松分布

设随机变量 $X_n(n=0,1,2,\cdots)$ 服从二项分布

$$P\{X_n=k\}=C_n^k p_n^k(1-p_n)^{n-k}, k=0,1,2,\cdots,n$$

其中，p_n 是与 n 有关的数，且 $\lim\limits_{n\to\infty} np_n=\lambda>0$，则对于每个非负整数 k，有

$$\lim_{n\to\infty}P\{X_n=k\}=\lim_{n\to\infty}C_n^k p_n^k(1-p_n)^{n-k}=\frac{\lambda^k}{k!}e^{-\lambda}$$

说明：（1）当二项分布中的参数 n 充分大，p 足够小时，二项分布可以近似地等于以 $\lambda=np$ 为参数的泊松分布，即

$$P\{X=k\}\approx\frac{\lambda^k}{k!}e^{-\lambda}$$

（2）一般当 $n>20$，$p\leq 0.05$ 时，就可用上述公式进行计算.

例2 某人独立地向某目标射击，击中目标的可能性为 0.6，他连续射击了 3 次，则他至少命中目标一次的可能性为多少？

解法一 设 $A_i=\{$第 i 次射击命中目标$\}(i=1,2,3)$，
$B=\{$至少有一次命中目标$\}=A_1\cup A_2\cup A_3$

$$P(B)=P(A_1\cup A_2\cup A_3)=1-P(\overline{A_1\cup A_2\cup A_3})=1-P(\overline{A_1}\cap\overline{A_2}\cap\overline{A_3})$$
$$=1-[P(\overline{A_1})]^3=1-(1-0.6)^3=1-0.064=0.936=93.6\%$$

解法二 用二项分布求解

$$P\{X=k\}=C_n^k p^k(1-p)^{n-k}, C_n^0=1$$
$$X=\{n \text{ 次射击命中目标的总次数}\}$$
$$p=\{\text{每次射击命中目标的概率}\}$$
$$X:B(n,p),\ n=3,\ p=0.6.$$
$$P\{X\geq 1\}=1-P\{X=0\}=1-C_3^0 0.6^0(1-0.6)^{3-0}=1-0.4^3=0.936$$

例3 （贵在坚持）某大学的社会学老教授给学生出了这样一道题目：如果一件事情成功的概率是 1%，那么反复尝试 100 次，至少成功一次的概率大约是多少？

解法一 用二项分布求解

设 X 表示 100 次反复尝试中成功的次数

$$X\sim B(n,p), n=100, p=0.01$$
$$P\{X=k\}=C_n^k p^k(1-p)^{n-k}, C_n^0=1$$
$$P\{X\geq 1\}=1-P\{X=0\}=1-0.99^{100}\approx 0.63$$

解法二 用泊松分布近似计算

设 X 表示 100 次反复尝试中成功的次数

$$C_n^k p^k(1-p)^{n-k}\approx\frac{e^{-np}(np)^k}{k!}(0<np<10), np=1$$
$$P\{X=0\}=0.99^{100}\approx e^{-1}$$
$$P\{X\geq 1\}\approx 1-e^{-1}\approx 1-0.37=0.63=63\%$$

该题中，经过进一步的计算可知，若这件事反复尝试 200 次，300 次，…，直至 500 次的时候，成功的概率已达 99%.

课程思政：

在生活中只要学会连续仔细地观察遇到的事情，就能寻找恰当的数学方法去解决它们，总结出持之以恒的可行策略，坚持下去就有较大成功的希望．在我们面对一件难事时，虽然总觉得无从下手或觉得成功的希望非常渺茫（1% 的成功），但也要耐得住考验、经得起失败，既要坚信付出一定会有回报，更要坚信知识可以改变命运．

习题 1-3

1. 一项任务由 A、B 两人分别独立去完成，设随机事件 A、B 分别表示 A、B 完成任务，试用 A、B 表示下列事件：

(1) 两个人中仅有一个人完成了任务

(2) 两个人都没有完成任务

2. 两人独立地去破译一份密码，已知各人能译出密码的概率分别为 0.2 和 0.4，问：两人中至少有一个人能将此密码译出的概率是多少？

3. 一个大楼内有 3 台同类型的供水设备，调查表明在一小时内平均每个设备被使用 6 分钟，问：在同一时刻，(1) 恰有 2 台设备被使用的概率是多少？

(2) 至少有 1 台设备被使用的概率是多少？

§1.4 二手车买卖中的概率

人们总是希望能从已知的简单事件的概率中推算出未知的复杂事件的概率．为了达到这一目的，我们可以把一个复杂事件分解为若干个互斥的简单事件，再通过这些简单事件的概率计算，利用概率的加法公式和乘法公式得到最后结果．

想象一下你在一座拥堵的城市买了一辆二手车．你知道大约 5% 的二手车都被水泡过，而在被水泡过的车中大约 80% 以后都会出现严重的发动机问题；而没有被水泡过的车大约只有 10% 才会有严重的发动机问题．当然，没有任何二手车经销商会坦白地告诉你这辆二手车是不是被水泡过，所以你就必须求助于概率了．

你也许认为这个问题是一个比例问题．每卖出 1 000 辆车，有 50 辆之前被水泡过，其中 80% 即 40 辆之后会有问题．剩下的 950 辆没被泡过的车，我们预计 10% 即 95 辆也会发生同样的问题．因此，我们算出在 1 000 辆车中有 40+95=135（辆）车在今后会有问题，得到的概率是 13.5%.

如果你用这样的方法来解决问题，那么恭喜你了，你无形中用到了全概率法则．这也是概率问题经常使用的法则．

一、概率法则

1. 概率加法公式

如果把两个事件 A、B 同时发生所组成的事件，称为 A 与 B 的积事件，记作 AB. 那么对于任意两个事件 A、B，不论 A、B 是否互斥，都有下面的公式：

$$P(A+B)=P(A)+P(B)-P(AB)$$

以上公式中的 $P(AB)$ 又应该怎样来求呢？这就要用到下面的知识了.

2. 条件概率与概率乘法公式

在实际问题中，除了研究事件 A 发生的概率 $P(A)$ 外，往往还要研究"在事件 B 已经发生"的条件下，事件 A 发生的概率. 一般说来，两者的概率不一定相同. 为了区别起见，我们把后者称为**条件概率**，记作 $P(A/B)$.

例如，从一副扑克牌（除去大小王，即 52 张）中任意抽出一张，设 $A=$ "任取一张是红桃"，$B=$ "任取一张有人头像"，则由古典概型可知，$P(A)=\dfrac{13}{52}$；$P(B)=\dfrac{12}{52}$.

假定我们要求的是在红桃牌中抽得一张"有人头像"的概率，即在事件 A 发生的条件下，事件 B 发生的条件概率，这时，基本事件是 13 张红桃牌，其中有人头像的牌只有 3 张. 于是所要求的概率为 $P(B/A)=\dfrac{3}{13}$.

那么，两个事件同时发生的概率，等于其中一个事件发生的概率与另一个事件在前一个事件已经发生的条件下的条件概率的积：

$$P(AB)=P(A)P(B/A)=P(B)P(A/B)$$

3. 全概率公式

如果事件 $A_1, A_2, \cdots, A_n$ 互斥，$P(A_i)>0\ (i=1,2,\cdots,n)$，且 $A_1+A_2+\cdots+A_n=U$（必然事件），我们称这样的一组事件为完备事件组，则对于任意事件 B，都有

$$\begin{aligned}P(B)&=P(A_1B+A_2B+\cdots+A_nB)\\&=P(A_1B)+P(A_2B)+\cdots+P(A_nB)\\&=P(A_1)P(B/A_1)+P(A_2)P(B/A_2)+\cdots+P(A_n)P(B/A_n)\end{aligned}$$

全概率公式的特殊情况　对于任意两个事件 A，B 都有

$$\begin{aligned}P(B)&=P(AB+\bar{A}B)=P(AB)+P(\bar{A}B)\\&=P(A)P(B/A)+P(\bar{A})P(B/\bar{A})\end{aligned}$$

例 1　如果用全概率公式对上面二手车买卖的解法进行重新演绎，那么得到的算法是：

解　设 $A=$ "二手车的发动机出现问题"；

$B_1=$ "被水泡过的二手车"；

$B_2=$ "没有被水泡过的二手车".

则所求的概率为 $P(A)$.

由表可见，事件 B_1，B_2 互斥，且 $B_1+B_2=U$（必然事件），即 B_1，B_2 构成一个完备事件组，则根据全概率公式有

$$P(A)=P(AB_1)+P(AB_2)$$
$$=0.05\times0.8+0.95\times0.1$$
$$=0.135$$

80%的二手车有发动机问题	10%的二手车有发动机问题
被水泡过的二手车5%	没有被水泡过的二手车95%
B_1	B_2

例2 某仓库有一批外形相同的灯泡，其中50%的灯泡是甲厂生产的，次品率是1%；30%是乙厂生产的，次品率是2%；20%是丙厂生产的，次品率是0.5%，在这些灯泡中任取一只，取到次品的概率是多少呢？

解 设 $A=\{$任取一只灯泡是次品$\}$；

$B_1=\{$任取一只为甲厂产品$\}$；

$B_2=\{$任取一只为乙厂产品$\}$；

$B_3=\{$任取一只为丙厂产品$\}$．

由表可见，事件 B_1，B_2，B_3 互斥，且 $B_1+B_2+B_3=U$（必然事件），即 B_1，B_2，B_3 构成一个完备事件组，则根据全概率公式有

$$P(A)=P(AB_1)+P(AB_2)+P(AB_3)$$
$$=0.5\times0.01+0.3\times0.02+0.2\times0.005$$
$$=0.012$$

1%的次品率	2%的次品率	0.5%的次品率
50%灯泡是甲厂的	30%灯泡是乙厂的	20%灯泡是丙厂的

例3 100张彩票中有7张有奖彩票，甲先乙后各购买1张彩票，问：甲、乙中奖的概率是否相同？

解 设 $A=\{$甲中奖$\}$，则 $\overline{A}=\{$甲不中奖$\}$；

$B=\{$乙中奖$\}$．

那么，根据古典概型有 $P(A)=\dfrac{7}{100}$．

由于事件 A，$\overline{A}$ 构成最简单的完备事件组，从而对于事件 B，有

$$B=AB+\overline{A}B$$

这是容易理解的，注意到乙购买彩票是在甲购买彩票之后，从而乙中奖包括甲中奖乙中奖与甲不中奖乙中奖两种情况，即事件 B 发生意味着积事件 AB 发生或积事件 $\overline{A}B$ 发生，于是事件 B 当然等于积事件 AB 与积事件 $\overline{A}B$ 的和事件．同时注意到甲无论中奖与否，都不把所购买彩票放回，从而乙是从剩余99张彩票中购买1张彩票．根据全概率公式的特殊情

况,有

$$P(B) = P(AB + \bar{A}B)$$
$$= P(AB) + P(\bar{A}B)$$
$$= P(A)P(B/A) + P(\bar{A})P(B/\bar{A})$$
$$= \frac{7}{100} \times \frac{6}{99} + \frac{93}{100} \times \frac{7}{99}$$
$$= \frac{7}{100}$$

说明乙中奖的概率也是 $\frac{7}{100}$.

所以,甲、乙中奖的概率是相同的,都是 $\frac{7}{100}$.

在例3中,经过进一步的计算可以得到:第3个以至于第100个购买彩票的人中奖的概率都等于 $\frac{7}{100}$,与购买彩票的先后顺序无关,这可以作为一般抽签或抓阄问题的结论.

课程思政:

生活中的随机事件均符合概率理论,在我们做选择和判断的时候,要多思考,学会用数据来帮助我们进行判断,从而做出正确的选择.

习题 1-4

1. 某村麦种放在甲、乙、丙三个仓库保管,其保管数量分别占总数的 40%,30%,30%,所保管麦种发芽率分别为 0.95,0.92,0.90. 现将三个仓库的麦种全部混合,求其发芽率.

2. 口袋里装有 3 个白球与 2 个红球,先从中任取 1 个球,观察球的颜色后不放回,同时放入与其颜色不相同的 2 个球,再从中任取 1 个球,求它是白球的概率.

3. 设敌机可能经三个空域飞临我方某铁桥,若敌机飞经 I 号空域 (B_1) 的概率为 0.6,在此空域被击落的概率为 0.9;敌机飞经 II 号空域 (B_2) 的概率为 0.3,在此空域被击落的概率为 0.3;敌机飞经 III 号空域 (B_3) 的概率为 0.1,在此空域被击落的概率为 0.2. 求敌机在飞临铁桥之前被击落的概率.

第 2 章　生活中的微积分

§ 导读　有限与无限

无限与有限有着本质的区别，初等数学更多地在"有限"的领域里讨论，更多地以"有限"为手段和工具进行讨论；高等数学则更多地在"无限"的领域里讨论，更多地以"无限"为手段和工具进行讨论．极限、导数、定积分都属于"无限"的范畴．大数学家外尔（H. Weyl）说："数学是关于无限的科学．"由此，我们看到"无限"非常重要．

本案例将通过芝诺悖论、"有无限个房间"的旅馆等有趣实例讨论无限是有限的基础，无限是由有限构成的，有限由无限组成，无限是有限的延伸，并讨论它们的质的区别以及相互关系，为更好地理解有限和无限的关系提供了一些参考，以此提高读者的数学素养．

一、芝诺悖论

1. 什么是悖论

关于悖论的一个通俗的说法是：从"正确"的前提出发，经过"正确"的逻辑推理，得出荒谬的结论．

悖论具体是指：由一个被承认是真的命题为前提，设为 B，进行正确的逻辑推理后，得出一个与前提互为矛盾命题的结论非 B；反之，以非 B 为前提，亦可推得 B．那么命题 B 就是一个悖论．例如："甲是乙"与"甲不是乙"这两个命题中总有一个是错的；但"本句话是七个字"与"本句话不是七个字"又均是对的，这就是悖论；又如："万物皆数"学说认为"任何数都可表示为整数的比"；但以 1 为边的正方形的对角线之长却不能表示为整数的比，这也是悖论．

再如：我会穿梭时空，回到过去，把我自己的外祖母杀了．我外祖母没了，我妈就没了，我也就没了．而我没了，就没有人杀我外祖母，我外祖母就不会死，那我又有了．而有了我，外祖母就没了，我也就没了……，这就是外祖母悖论，自己与自己就有矛盾．

请读者自己举一个悖论的例子．

2. 芝诺悖论

芝诺（Zeno，约前 490—前 430 年）是古希腊伊利亚学派创始人巴门尼德的学生．他企图证明该学派的学说："多"和"变"是虚幻的，不可分的"一"及"静止的存在"才是唯一真实的；运动只是假象．于是他设计了四个例证，人称"芝诺悖论"．这些悖论是从哲学角度提出的．我们从数学的角度看其中的一个悖论，用以讨论"有限与无限的问题"．

(1) 阿基里斯（Achilles）悖论：阿基里斯追不上乌龟.

希腊战士阿基里斯跟乌龟赛跑，如果乌龟比阿基里斯先跑 10 m，那么阿基里斯永远都追不上它，因为只要阿基里斯跑了 10 m，这时乌龟就又多跑了几米，若阿基里斯再跑到乌龟曾经停留的点，乌龟一定又跑到阿基里斯前面去了；这当然与现实常理相矛盾，所以称之为悖论，但又看似有理，但要怎么说明为何如此呢？

请读者思考.

(2) 二分法悖论.

二分法悖论是说向着一个目的地运动的物体，永远不可能抵达终点，因为你为了抵达终点，必得先跑完全程的一半，而要跑到全程的一半，你又得跑完一半的一半……如此一来，你永远跑不到终点；甚至可以说你根本无法起跑，因为若要起跑一小段距离，你就得移动那一小段距离的一半，似乎永远无法开步跑？

(3) 悖论的症结.

芝诺悖论的症结在于，无限段长度的和，可能是有限的；无限段时间的和，也可能是有限的.

表面上看起来阿基里斯要想追上乌龟需要跑无穷段路程，由于是无穷段，因此感觉永远也追不上. 实际上，这无穷段路程的和却是有限的，所以阿基里斯跑完这段有限的路程后，其实已经追上乌龟了. 芝诺故意把有限的路程用他的那种说法，巧妙地分割成无穷段路程，让人产生一种错觉，以为是永远追不上了. 这如同，下面的无穷多项的数列之和是有限的：

$$0.3+0.03+0.003+\cdots = \frac{1}{3}$$

$$\frac{1}{5}+\frac{1}{5^2}+\frac{1}{5^3}+\cdots = \frac{1}{4}$$

$$\frac{1}{8}+\frac{1}{8^2}+\frac{1}{8^3}+\cdots = \frac{1}{7}$$

$$\frac{1}{10}+\frac{1}{10^2}+\frac{1}{10^3}+\cdots = \frac{1}{9}$$

中国有句古话："一尺之棰，日取其半，万世不竭."一尺，本来就有限的长度，但是把它一半一半地分割下去，却永远也分不完，也是同样的道理.

所以，芝诺悖论的症结就在于"有限与无限的矛盾".

芝诺悖论的意义：

芝诺悖论中蕴含着深刻的哲理，具有时代的意义，归纳如下：

第一，促进了严格、求证数学的发展；

第二，较早的"反证法"及"无限"的思想；

第三，尖锐地提出离散与连续的矛盾：空间和时间有没有最小的单位？

二、"有无限个房间"的旅馆

有限和无穷的这个特点可以从下面的小故事反映出来，这个故事据说是希尔伯特说的.

数学与生活

某一个市镇只有一家旅馆,这个旅馆与通常旅馆没有不同,只是房间数不是有限而是无穷多间,房间号码为 1, 2, 3, 4, …,我们不妨管它叫希尔伯特旅馆. 这个旅馆的房间可排成一列的无穷集合 {1, 2, 3, 4, …},称为可数无穷集.

客观世界的旅馆都只有有限个房间,当每个房间都有客人住了,就称为"客满",客满后再来客人就无法再安排了. 但是,有无限个房间的旅馆则不然,客满以后再来客人还能再安排. 可以看出"有限"与"无限"有着本质区别. 当然,数学研究的对象可以是人脑的产物.

1. "客满"后又来 1 位客人,老板还能否安排

有一天开大会,所有房间都住满了. 后来来了一位客人,坚持要住房间. 旅馆老板于是引用"旅馆公理"说:"满了就是满了,非常对不起!"正好这时候,聪明的旅馆老板的女儿来了,她看见客人和她爸爸都很着急,就说:"这好办,请每位顾客都搬一下,从这间房搬到下一间". 于是 1 号房间的客人搬到 2 号房间,2 号房间的客人搬到 3 号房间,…,依次类推. 最后 1 号房间空出来,请这位迟到的客人住下了. 安排如下:

$$
\begin{array}{ccccccc}
1 & 2 & 3 & 4 & \cdots & k & \cdots \\
\downarrow & \downarrow & \downarrow & \downarrow & \cdots & \downarrow & \cdots \\
2 & 3 & 4 & 5 & \cdots & k+1 & \cdots
\end{array}
$$

这样,原来在"有限"的情况下做不到的事情,在"无限"的情况下就做到了. 由此看出,"有限"与"无限"有着本质区别.

2. 客满后又来了一个旅游团,旅游团中有无穷个客人,老板能否安排?

第二天,希尔伯特旅馆又来了一个庞大的代表团要求住旅馆,他们声称有可数无穷多位代表一定要住,这又把旅馆经理难住了. 老板的女儿再一次来解围,她说:"您让 1 号房间客人搬到 2 号,2 号房间客人搬到 4 号,…,k 号房间客人搬到 $2k$ 号,这样 1 号、3 号、5 号、… 奇数号房间就都空出来了,代表团的代表都能住下了."安排如下:

$$
\begin{array}{ccccccc}
1 & 2 & 3 & 4 & \cdots & k & \cdots \\
\downarrow & \downarrow & \downarrow & \downarrow & \cdots & \downarrow & \cdots \\
2 & 4 & 6 & 8 & \cdots & 2k & \cdots
\end{array}
$$

3. 客满后又来了一万个旅游团,每个团中都有无穷个客人,老板能否安排?

这时,让 1 号房间客人搬到 10 001 号,2 号房间客人搬到 20 002 号,…,k 号房间客人搬到 $10\,001\times k$ 号,这样,空出了一万个又一万个的空房间,代表团的代表都能住下了. 安排如下:

$$
\begin{array}{ccccccc}
1 & 2 & 3 & 4 & \cdots & k & \cdots \\
\downarrow & \downarrow & \downarrow & \downarrow & \cdots & \downarrow & \cdots \\
10\,001 & 20\,002 & 30\,003 & 40\,004 & \cdots & 10\,001\times k & \cdots
\end{array}
$$

思考:该旅馆客满后,又来了无穷个旅游团,每个团中都有无穷个客人,还能否安排?

三、无限与有限的区别和联系

1. 区别

(1) 在无限集中,"部分可以等于全体"(这是无限的本质),而在有限的情况下,部

分总是小于全体.

当初的伽利略悖论，就是因为没有看到"无限"的这一个特点而产生的.

$$\begin{array}{cccccc} 1 & 2 & 3 & 4 & \cdots & n & \cdots \\ \updownarrow & \updownarrow & \updownarrow & \updownarrow & \cdots & \updownarrow & \cdots \\ 1 & 4 & 9 & 16 & \cdots & n^2 & \cdots \end{array}$$

这两个集合：有一一对应，于是推出两集合的元素个数相等；但由"部分小于全体"，故又推出两集合的元素个数不相等. 这就形成悖论.

请读者自己举出一个这样的例子来.

(2) "有限"时成立的许多命题，对"无限"不再成立.

在"有限"的情况下，加法结合律成立：$(a+b)+c=a+(b+c)$；

在"无限"的情况下，加法结合律不再成立. 如：

$$[1+(-1)]+[1+(-1)]+[1+(-1)]+\cdots=0$$
$$1+[(-1)+1]+[(-1)+1]+[(-1)+1]+\cdots=1$$

我们发现，对同一个无穷项的加法表达式，两种不同的加括号方式，居然得到不同的结果.

2. 联系

在"有限"与"无限"间建立联系的手段，往往很重要. 下面以无穷级数举例说明.

例如：计算数项级数 $\dfrac{1}{1\times 2}+\dfrac{1}{2\times 3}+\dfrac{1}{3\times 4}+\cdots+\dfrac{1}{n(n+1)}+\cdots$.

解 级数的前 n 项部分和

$$s_n=\dfrac{1}{1\times 2}+\dfrac{1}{2\times 3}+\dfrac{1}{3\times 4}+\cdots+\dfrac{1}{n(n+1)}$$

$$=\left(1-\dfrac{1}{2}\right)+\left(\dfrac{1}{2}-\dfrac{1}{3}\right)+\cdots+\left(\dfrac{1}{n}-\dfrac{1}{n+1}\right)$$

$$=1-\dfrac{1}{n+1}$$

所以 $$\lim_{n\to\infty}s_n=\lim_{n\to\infty}\left(1-\dfrac{1}{n+1}\right)=1.$$

3. 数学中的无限在生活中的反映

(1) 大烟囱是圆的，每一块砖都是直的. （整体看又是圆的）

(2) 锉刀锉一个光滑零件，每一锉锉下去都是直的. (许多刀合在一起的效果又是光滑的)

(3) 不规则图形的面积.

求正方形的面积，长方形的面积，三角形的面积，多边形的面积，圆的面积，都有公式. 但不规则图形的面积，怎么求呢？

法 1. 用方格套（想象成透明的）．方格越小（格子的数目越多），所得面积越准（见图 2-1）．

法 2. 首先转化成求曲边梯形的面积（不规则图形→若干个曲边梯形），再设法求曲边梯形的面积（见图 2-2）．

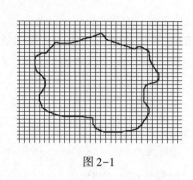

图 2-1

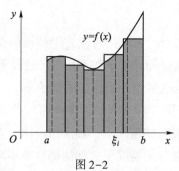

图 2-2

4. 关于无限的思考

（1）哲学对无限的兴趣．

物质是无限的；时间与空间是无限的；物质的运动形式是无限的．

一个人的生命是有限的．

（2）数学对无限的兴趣．

数学中的有限与无限就像是一对连体的婴儿，密切相连着，对立却又统一，谁都离不开谁．无限是有限的基础，无限是由有限构成的，有限由无限组成，无限是有限的延伸，它们之间矛盾地存在着，这就需要我们用辩证的思维去理解它、认识它，它所能给我们带来的就是不断地去深思和探究．

课程思政：

在有限环境中生存的有限的人类，获得把握无限的能力和技巧，那是人类的智慧；在获得这些成果过程中体现出来的奋斗与热情，那是人类的情感；对无限的认识成果，则是人类智慧与热情的共同结晶．一个人，若把自己的智慧与热情融入数学学习和数学研究之中，就会产生一种特别的感受．如果这样，数学的学习不仅不是难事，而且会充满乐趣．

习题

1. 请举一个悖论的例子．

2. 一个有可数无限个房间的旅馆，客满后又来了 5 位客人，老板说"还能安排"，具体怎么安排？

3. 一个有可数无限个房间的旅馆客满之后又来了可数无限个旅游团，每个团都有可数无限个客人，仍然可以安排．教材中给出了两种安排方法，你能否再找出其他安排方法？

4. 构造一个无穷多个运动员百米赛跑,但结果没有第一名的例子.(要求表达出每一个运动员的百米成绩,且要求接近实际;不能跑进 9 s)

5. 请谈一谈,为什么无限与有限有着本质的区别?

§2.1 极限

一、数列的极限

极限是高等数学的主要组成部分,也是人们分析问题和解决问题的重要方法. 历史上,极限概念源于人们求解某些实际问题的精确解答. 例如,我国魏晋时期数学家刘徽(公元 3 世纪)的割圆术就是极限思想在几何学上的一个应用.

设圆的半径为 1, 试用圆内接正多边形的面积推算单位圆的面积.

首先作内接正六边形,记其面积为 A_1, 用 A_1 近似圆的面积, 当然, 这种近似度很差; 为了提高近似的精度, 接着作内接正十二边形, 记其面积为 A_2, 显然, 用 A_2 近似圆的面积比用 A_1 近似圆的面积的近似程度要高, 但仍然存在误差; 为了缩小误差, 提高近似的精度, 接着继续作内接正二十四边形、内接正四十八边形、$\cdots$、内接正 $6 \times 2^{n-1}(n \in \mathbf{N}^+)$ 边形等, 分别记其面积为 $A_3, A_4, \cdots, A_n, \cdots$. 在这里, 内接正 n 边形的面积可按公式 $A_n = \frac{1}{2} n \sin \frac{2\pi}{n}$ 计算. 同时, 由这些内接正多边形的面积构成一个数列:

$$A_1, A_2, A_3, \cdots, A_n, \cdots$$

显然, n 越大, 内接正多边形就越接近于圆, 从而, 用 A_n 作为圆面积的近似值就越精确. 但是, 无论 n 多么大, 这里的 A_n 毕竟是正多边形的面积, 而不是圆的面积. 因此, 设想让 n 无限增大(记作 $n \to \infty$), 则内接正多边形就无限接近圆, 同时, A_n 就无限接近一个确定的常数, 这个确定的常数自然是单位圆的面积. 那么, 这个常数又称为数列 $A_1, A_2, A_3, \cdots, A_n, \cdots$ 当 $n \to \infty$ 时的极限. 一般情况, 数列极限定义如下:

定义 1 对于数列 $\{x_n\}$, 如果当 n 无限变大时, x_n 趋于一个固定常数 A, 则称当 n 趋于无穷大时, 数列 $\{x_n\}$ 以 A 为极限, 记作

$$\lim_{n \to \infty} x_n = A \text{ 或 } x_n \to A (n \to \infty)$$

亦称数列 $\{x_n\}$ 收敛于 A; 如果数列 $\{x_n\}$ 没有极限, 就称 $\{x_n\}$ 是发散的.

例 1 观察数列 $1, \frac{1}{2}, \frac{1}{4}, \frac{1}{8}, \cdots, \frac{1}{2^n}, \cdots$ 的变化趋势, 判断其极限是否存在.

解 这个数列的通项为 $x_n = \frac{1}{2^n}$, 当 n 无限增大时, 我们考察 $\frac{1}{2^n}$ 的变化趋势:

n	1	5	10	20	30
2^n	2	32	1 024	1 048 576	1 073 741 824
$\frac{1}{2^n}$	0.5	0.031 25	0.000 976 562 5	0.000 000 953 67	0.000 000 000 93

可见，当 n 无限增大时，$\dfrac{1}{2^n}$ 无限地趋近于常数 0. 因此，$\lim\limits_{n\to\infty}\dfrac{1}{2^n}=0$ 存在.

例 2 判断数列 $1,-1,1,-1,\cdots,(-1)^{n+1},\cdots$ 是否存在极限.

解 数列的通项为 $x_n=(-1)^{n+1}$，当 n 无限增大时，x_n 总在 1 和 -1 两个数值上跳跃，永远不趋于一个固定的数，因此 $\lim\limits_{n\to\infty}(-1)^{n+1}$ 不存在.

二、函数的极限

我们知道，数列 $\{x_n\}$ 是一种特殊的函数，如果在数列极限定义中，把其特殊性 $n\to\infty$ 撇开，换成实数 x 的某个变化过程，就能得到一般函数的极限定义. 但是，在一般函数中，自变量的变化过程有两种：一种是 $x\to\infty$；另一种是 $x\to x_0$，其中 x_0 是一个有限值. 现就这两种过程给出极限定义如下：

1. 当 $x\to\infty$ 时

定义 2 如果当 $x>0$ 且 x 无限增大时，函数 $f(x)$ 趋于一个常数 A，则称当 x 趋于正无穷时，$f(x)$ 以 A 为极限，记作

$$\lim_{x\to+\infty}f(x)=A \quad \text{或} f(x)\to A(x\to+\infty)$$

如果函数 $f(x)$ 不趋于一个常数，则称当 x 趋于正无穷时，$f(x)$ 的极限不存在. 如，$\lim\limits_{x\to+\infty}\dfrac{1}{x}=0$，$\lim\limits_{x\to+\infty}\left(\dfrac{1}{x^2}+1\right)=1$.

类似地，有：

如果当 $x<0$ 且 x 绝对值无限增大时，函数 $f(x)$ 趋于一个常数 A，则称当 x 趋于负无穷时，$f(x)$ 以 A 为极限，记作

$$\lim_{x\to-\infty}f(x)=A \quad \text{或} f(x)\to A(x\to-\infty)$$

如果当 x 的绝对值无限增大时，函数 $f(x)$ 趋于一个常数 A，则称当 x 趋于无穷大时，函数 $f(x)$ 以 A 为极限，记作

$$\lim_{x\to\infty}f(x)=A \quad \text{或} f(x)\to A(x\to\infty)$$

例 3 求 $\lim\limits_{x\to+\infty}\dfrac{1}{5^x}$.

解 因为 $\lim\limits_{x\to+\infty}\dfrac{1}{5^x}=\lim\limits_{x\to+\infty}\left(\dfrac{1}{5}\right)^x$. 当 x 无限增大时，$\left(\dfrac{1}{5}\right)^x$ 无限趋于 0，

所以

$$\lim_{x\to+\infty}\dfrac{1}{5^x}=0$$

2. $x\to x_0$ 时函数的极限

定义 3 设函数 $y=f(x)$ 在点 x_0 的某个邻域（点 x_0 本身可以除外）内有定义，如果当 x 趋于 x_0（但 $x\neq x_0$）时，函数 $f(x)$ 趋于一个常数 A，则称当 x 趋于 x_0 时，$f(x)$ 以 A 为极限，记作

$$\lim_{x\to x_0}f(x) = A \quad \text{或} \quad f(x) \to A(x \to x_0)$$

亦称当 x 趋于 x_0 时，$f(x)$ 的极限存在；否则称当 $x \to x_0$ 时，$f(x)$ 的极限不存在.

例 4 求 $\lim\limits_{x \to x_0} c$.

解 因为 $y = c$ 是常量函数，无论自变量如何变化，函数 y 始终为常数 c，所以

$$\lim_{x\to x_0} c = c$$

例 5 求 $\lim\limits_{x \to x_0} x$.

解 因为 $y = x$，当 $x \to x_0$ 时，有 $y = x \to x_0$，所以

$$\lim_{x\to x_0} x = x_0$$

3. 左极限与右极限

引例：求分段函数 $f(x) = \begin{cases} x, & x < 0, \\ 2, & x \geq 0 \end{cases}$ 当 $x \to 0$ 时的极限.

因为 $f(x)$ 在 $x = 0$ 的任一邻域，函数的表达式不同，所以，由函数极限的定义直接求极限是不可能的. 对于这一类型的极限怎样求？为此引入：

定义 4 设函数 $y = f(x)$ 在点 x_0 右侧的某个邻域（点 x_0 本身可以除外）内有定义，如果当 $x > x_0$ 且 x 趋于 x_0 时，函数 $f(x)$ 趋于一个常数 A，则称当 x 趋于 x_0 时，$f(x)$ 的右极限是 A，记作

$$\lim_{x\to x_0^+} f(x) = A \quad \text{或} \quad f(x) \to A(x \to x_0^+)$$

设函数 $y = f(x)$ 在点 x_0 左侧的某个邻域（点 x_0 本身可以除外）内有定义，如果当 $x < x_0$ 且 x 趋于 x_0 时，函数 $f(x)$ 趋于一个常数 A，则称当 x 趋于 x_0 时，$f(x)$ 的左极限是 A，记作

$$\lim_{x\to x_0^-} f(x) = A \quad \text{或} \quad f(x) \to A(x \to x_0^-)$$

例 6 设 $f(x) = \begin{cases} x, & x < 0, \\ 2, & x \geq 0 \end{cases}$，求 $\lim\limits_{x \to 0^-} f(x)$ 和 $\lim\limits_{x \to 0^+} f(x)$.

解
$$\lim_{x\to 0^-} f(x) = \lim_{x\to 0^-} x = 0$$
$$\lim_{x\to 0^+} f(x) = \lim_{x\to 0^+} 2 = 2$$

当 $x \to x_0$ 时，$f(x)$ 的左、右极限与 $f(x)$ 在 $x \to x_0$ 时的极限有如下关系：

定理 1 当 $x \to x_0$ 时，$f(x)$ 以 A 为极限的充分必要条件是 $f(x)$ 在点 x_0 处左、右极限存在且都等于 A，即

$$\lim_{x\to x_0} f(x) = A \Leftrightarrow \lim_{x\to x_0^-} f(x) = \lim_{x\to x_0^+} f(x) = A$$

如例 6，因为

$$\lim_{x\to 0^-} f(x) = \lim_{x\to 0^-} x = 0 \neq \lim_{x\to 0^+} f(x) = \lim_{x\to 0^+} 2 = 2$$

所以当 $x \to 0$ 时，$f(x)$ 的极限不存在.

三、极限的运算

前面，我们通过观察求出了一些简单函数的极限. 然而，而对于一般的函数，其极限是

很难观察出来的. 为此, 我们首先建立极限的运算法则, 然后, 再介绍一下常用的两个重要极限. 利用这些知识可以求解一些函数的极限.

1. 极限的四则运算法则

定理 2 设 $\lim u(x) = A$, $\lim v(x) = B$, 则

(1) $\lim [u(x) \pm v(x)] = \lim u(x) \pm \lim v(x) = A \pm B$;

(2) $\lim [u(x) \cdot v(x)] = \lim u(x) \cdot \lim v(x) = A \cdot B$;

(3) 当 $\lim v(x) = B \neq 0$ 时, $\lim \dfrac{u(x)}{v(x)} = \dfrac{\lim u(x)}{\lim v(x)} = \dfrac{A}{B}$.

证明: (略).

注意: 利用极限的四则运算法则求极限时,

(1) 要求每个参与运算的函数的极限都存在.

(2) 在商的极限运算法则中, 要求分母的极限不能为零.

例 7 求 $\lim\limits_{x \to 2}(x^2 - x)$.

解 $\lim\limits_{x \to 2}(x^2 - x) = (\lim\limits_{x \to 2} x^2) - \lim\limits_{x \to 2} x = 2^2 - 2 = 2.$

注: 对于多项式函数 $f(x) = a_0 x^n + a_1 x^{n-1} + \cdots + a_n$, 有 $\lim\limits_{x \to x_0} f(x) = f(x_0)$.

例 8 求 $\lim\limits_{x \to 1} \dfrac{x^2 - x + 1}{2x + 1}$.

解 因为 $\lim\limits_{x \to 1}(2x + 1) = 2 \lim\limits_{x \to 1} x + 1 = 2 + 1 = 3 \neq 0,$

所以
$$\lim\limits_{x \to 1} \dfrac{x^2 - x + 1}{2x + 1} = \dfrac{\lim\limits_{x \to 1}(x^2 - x + 1)}{\lim\limits_{x \to 1}(2x + 1)} = \dfrac{1}{3}$$

注: 对于分式函数 $f(x) = \dfrac{p_n(x)}{q_m(x)} = \dfrac{a_0 x^n + a_1 x^{n-1} + \cdots + a_n}{b_0 x^m + b_1 x^{m-1} + \cdots + b_m}$, 若 $q(x_0) \neq 0$, 则
$$\lim\limits_{x \to x_0} f(x) = f(x_0)$$

例 9 求 $\lim\limits_{x \to 3} \dfrac{x^2 - 2x - 3}{x - 3}$.

解 $\lim\limits_{x \to 3} \dfrac{x^2 - 2x - 3}{x - 3} = \lim\limits_{x \to 3} \dfrac{(x + 1)(x - 3)}{x - 3} = \lim\limits_{x \to 3}(x + 1) = 4.$

例 10 求 $\lim\limits_{x \to \infty} \dfrac{x^2 - 1}{2x^2 - x - 1}$.

解 $\lim\limits_{x \to \infty} \dfrac{x^2 - 1}{2x^2 - x - 1} = \lim\limits_{x \to \infty} \dfrac{1 - \dfrac{1}{x^2}}{2 - \dfrac{1}{x} - \dfrac{1}{x^2}} = \dfrac{1}{2}.$

例 11 求 $\lim\limits_{x \to \infty} \dfrac{x^4 - 5x}{x^2 - 3x + 1}$.

解 $\lim\limits_{x \to \infty} \dfrac{x^4 - 5x}{x^2 - 3x + 1} = \lim\limits_{x \to \infty} \dfrac{1 - \dfrac{5}{x^3}}{\dfrac{1}{x^2} - \dfrac{3}{x^3} + \dfrac{1}{x^4}} = \infty.$

例12 求 $\lim\limits_{x\to\infty}\dfrac{x^2-x+3}{2x^3+1}$.

解 $\lim\limits_{x\to\infty}\dfrac{x^2-x+3}{2x^3+1}=\lim\limits_{x\to\infty}\dfrac{\dfrac{1}{x}-\dfrac{1}{x^2}+\dfrac{3}{x^3}}{2+\dfrac{1}{x^3}}=\dfrac{0}{2}=0.$

由例 10、例 11、例 12 的求解结果，可以总结出下列公式：

$$\lim_{x\to\infty}\frac{a_0x^n+a_1x^{n-1}+\cdots+a_n}{b_0x^m+b_1x^{m-1}+\cdots+b_m}=\begin{cases}0,&n<m\\\dfrac{a_0}{b_0},&n=m\\\infty,&n>m\end{cases}$$

例如：$\lim\limits_{x\to\infty}\dfrac{4x^5+5x^2-2}{x^5-2x^4+5x}=4.$

2. 两个重要极限

（1）第一个重要极限 $\lim\limits_{x\to 0}\dfrac{\sin x}{x}=1$.

考察当 $x\to 0$ 时，$\dfrac{\sin x}{x}$ 的变化趋势.

x（弧度）	-1	-0.5	-0.1	-0.01	0.	0.01	0.1	0.5	1
$\dfrac{\sin x}{x}$	0.841 5	0.959 8	0.998 3	0.999 9		0.999 9	0.998 3	0.959 8	0.841 5

可见 $x\to 0$，$\dfrac{\sin x}{x}$ 无限趋于常数 1. 即

$$\lim_{x\to 0}\frac{\sin x}{x}=1$$

例13 求 $\lim\limits_{x\to 0}\dfrac{\tan x}{x}$.

解 $\lim\limits_{x\to 0}\dfrac{\tan x}{x}=\lim\limits_{x\to 0}\left(\dfrac{\sin x}{x}\cdot\dfrac{1}{\cos x}\right)$

$\qquad\qquad=\lim\limits_{x\to 0}\dfrac{\sin x}{x}\cdot\lim\limits_{x\to 0}\dfrac{1}{\cos x}=1\times 1=1.$

例14 求 $\lim\limits_{x\to 0}\dfrac{\sin 2x}{x}$.

解 $\lim\limits_{x\to 0}\dfrac{\sin 2x}{x}=\lim\limits_{x\to 0}\dfrac{2\sin 2x}{2x}=2.$

例15 求 $\lim\limits_{x\to 1}\dfrac{\sin(x-1)}{x-1}$.

解 令 $u=x-1$，当 $x\to 1$ 时，$u=x-1\to 0$. 于是

$$\lim_{x \to 1} \frac{\sin(x-1)}{x-1} = \lim_{u \to 0} \frac{\sin u}{u} = 1$$

例 16 求单位圆内接多边形面积 $A_n = \frac{1}{2} n \sin \frac{2\pi}{n}$ 的极限.

解 $\lim\limits_{n \to \infty} A_n = \lim\limits_{n \to \infty} \frac{1}{2} n \sin \frac{2\pi}{n} = \lim\limits_{n \to \infty} \frac{\sin \frac{2\pi}{n}}{\frac{2\pi}{n}} \cdot \pi = \pi.$

即单位圆内接正多边形面积的极限等于单位圆的面积.

(2) 第二个重要极限 $\lim\limits_{x \to \infty} \left(1 + \frac{1}{x}\right)^x = e.$

该极限在工程技术、生物研究以及商业领域有广泛的应用. 下面,通过几个例子说明本公式的应用.

例 17 求 $\lim\limits_{x \to \infty} \left(1 + \frac{3}{x}\right)^x.$

解 $\lim\limits_{x \to \infty} \left(1 + \frac{3}{x}\right)^x = \lim\limits_{x \to \infty} \left(1 + \frac{3}{x}\right)^{\frac{x}{3} \cdot 3} = \left[\lim\limits_{x \to \infty} \left(1 + \frac{3}{x}\right)^{\frac{x}{3}}\right]^3 = e^3.$

例 18 求 $\lim\limits_{x \to \infty} \left(1 - \frac{1}{x}\right)^x.$

解 $\lim\limits_{x \to \infty} \left(1 - \frac{1}{x}\right)^x = \lim\limits_{x \to \infty} \left(1 + \frac{1}{-x}\right)^{(-x) \cdot (-1)} = \left[\lim\limits_{x \to \infty} \left(1 + \frac{1}{-x}\right)^{-x}\right]^{-1} = e^{-1}.$

例 19 求 $\lim\limits_{x \to 0} (1 + 3x)^{\frac{1}{x}}.$

解 $\lim\limits_{x \to 0} (1 + 3x)^{\frac{1}{x}} = \lim\limits_{x \to 0} \left[(1 + 3x)^{\frac{1}{3x}}\right]^3 = e^3.$

课程思政:

魏晋时期数学家刘徽用割圆术将圆周率精确到小数点后三位. 南北时期的祖冲之在刘徽研究的基础上,将圆周率精确到小数点后七位,这一成就比欧洲人早了一千多年. 这是我们在科学研究方面超越西方的又一例证,对此,我们感到无比自豪. 另外,古代科学家凡事追求卓越与完美的工匠精神正是我们国家现在积极倡导的,也应该是我们广大莘莘学子必须践行的,我们应该不忘初心,砥砺前行,精益求精,尽力把学习和工作做得尽善尽美,为祖国的建设与发展作出贡献.

习题 2-1

1. 判别下列数列是否收敛:

(1) $\frac{1}{2}, \frac{2}{3}, \frac{3}{4}, \cdots, \frac{n}{n+1}, \cdots;$

(2) $3, -3, 3, -3, \cdots, (-3)^{n+1}, \cdots;$

(3) $0, \dfrac{1}{3}, 0, \dfrac{1}{6}, 0, \dfrac{1}{9}, \cdots 0, \dfrac{1}{2}, 0, \dfrac{1}{4}, 0, \dfrac{1}{6}, \cdots$.

2. 设函数 $f(x)=\begin{cases} x+2, & 0<x<1, \\ 3, & 1\leq x<2. \end{cases}$ 求 $f(x)$ 在 $x=1$ 处的左、右极限并讨论 $f(x)$ 在 $x=1$ 处是否有极限存在.

3. 求下列极限：

(1) $\lim\limits_{x\to 2}\dfrac{x^2+5}{x-3}$;

(2) $\lim\limits_{x\to 4}\dfrac{x^2-2x+1}{x^3-x}$;

(3) $\lim\limits_{x\to 4}\dfrac{x^2-6x+8}{x^2-5x+4}$;

(4) $\lim\limits_{x\to 0}\dfrac{\sqrt{1+x^2}-1}{x^2}$;

(5) $\lim\limits_{x\to\infty}\dfrac{x^3+x}{x^4-3x^2+1}$;

(6) $\lim\limits_{x\to\infty}\dfrac{x^3+2x-5}{x+7}$;

(7) $\lim\limits_{x\to\infty}\dfrac{-3x^3+x+1}{3x^3+x^2+1}$;

(8) $\lim\limits_{x\to\infty}\dfrac{x^2+x+1}{(x-1)^2}$;

(9) $\lim\limits_{x\to 0}\dfrac{\sin 2x}{\sin 5x}$;

(10) $\lim\limits_{x\to 0}\dfrac{\tan 5x}{x}$;

(11) $\lim\limits_{x\to 0}\dfrac{2x}{\sin x}$;

(12) $\lim\limits_{x\to\infty}\left(1+\dfrac{1}{2x}\right)^x$;

(13) $\lim\limits_{x\to\infty}\left(\dfrac{x+5}{x}\right)^x$;

(14) $\lim\limits_{x\to\infty}\left(1-\dfrac{3}{x}\right)^x$;

(15) $\lim\limits_{x\to\infty}\left(1+\dfrac{1}{x}\right)^{x+5}$;

(16) $\lim\limits_{x\to 0}(1+2x)^{\frac{1}{x}}$.

§2.2　函数的连续性

自然界中有许多现象，如物体的运动、气温的变化、河水的流动、植物的生长等都是连续变化着的．这种现象在函数关系上的反映，就是函数的连续性．如运动着的质点，其位移 s 是时间 t 的函数，时间产生一微小的改变时，质点也将移动微小的距离（从其运动轨迹来看是一段连绵不断的曲线），函数的这种特征我们称之为函数的连续性，与连续相对立的一个概念，我们称之为**间断**．下面我们将利用极限来严格表述连续性这个概念以及连续性的相关数学问题．

一、函数的连续与间断

定义1　设函数 $f(x)$ 在 x_0 的某邻域 $U(x_0)$ 内有定义，且有
$$\lim_{x\to x_0} f(x)=f(x_0)$$
则称函数 $f(x)$ 在点 x_0 连续，x_0 称为函数 $f(x)$ 的连续点．

由定义可知，函数 $f(x)$ 在点 x_0 连续，必须具备下列条件：

(1) $f(x)$ 在点 x_0 有定义，即 $f(x_0)$ 存在；

（2）极限 $\lim\limits_{x\to x_0}f(x)$ 存在；

（3）$\lim\limits_{x\to x_0}f(x)=f(x_0)$.

以上三条，任意一条不满足，则函数 $f(x)$ 在点 x_0 处间断.

若函数 $y=f(x)$ 在区间 (a,b) 内任一点均连续，则称函数 $y=f(x)$ 在区间 (a,b) 内连续，称函数 $f(x)$ 为区间 (a,b) 内的连续函数. 若函数 $y=f(x)$ 不仅在 (a,b) 内连续，且在 a 点右连续，在 b 点左连续，则称 $f(x)$ 在闭区间 $[a,b]$ 上连续，称函数 $f(x)$ 为闭区间 $[a,b]$ 上的连续函数.

例1 证明函数 $f(x)=3x^2-1$ 在 $x=1$ 处连续.

证 因为 $f(1)=2$，且
$$\lim_{x\to 1}f(x)=\lim_{x\to 1}(3x^2-1)=2$$
故函数 $f(x)=3x^2-1$ 在 $x=1$ 处连续.

例2 证明函数 $y=f(x)=|x|$ 在 $x=0$ 处连续.

证 $y=f(x)=|x|$ 在 $x=0$ 的邻域内有定义，且 $f(0)=0$，
$$\lim_{x\to 0^+}f(x)=\lim_{x\to 0^+}x=0$$
$$\lim_{x\to 0^-}f(x)=\lim_{x\to 0^-}(-x)=0$$

从而 $\lim\limits_{x\to 0}f(x)=0=f(0)$，因此函数 $y=f(x)$ 在 $x=0$ 处连续.

我们曾讨论过 $x\to x_0$ 时函数的左、右极限，对于函数的连续性可作类似的讨论.

定义2 设函数 $f(x)$ 在点 x_0 及某个左（右）半邻域内有定义，且有
$$\lim_{x\to x_0^-}f(x)=f(x_0)\quad (\lim_{x\to x_0^+}f(x)=f(x_0))$$
则称函数 $f(x)$ 在点 x_0 是左（右）连续的.

函数在点 x_0 的左、右连续性统称为函数的单侧连续性.

由函数的极限与其左、右极限的关系，容易得到函数的连续性与其左、右连续性的关系.

定理1 $f(x)$ 在点 x_0 连续的充要条件：$f(x)$ 在点 x_0 处既是左连续又是右连续.

例3 设函数
$$f(x)=\begin{cases}-1, & x<0,\\ 1, & x\geq 0\end{cases}$$

试问：在 $x_0=0$ 处函数 $f(x)$ 是否连续？

解 由于 $f(0)=1$，且 $\lim\limits_{x\to 0^+}f(x)=1=f(0)$，$\lim\limits_{x\to 0^-}f(x)=-1\neq f(0)$，

因此函数 $f(x)$ 在点 $x_0=0$ 处右连续但不左连续，所以函数 $f(x)$ 在 $x_0=0$ 处不连续.

例4 设函数
$$f(x)=\begin{cases}2x, & -1\leq x<1,\\ x^2+1, & 1\leq x<2\end{cases}$$

讨论 $f(x)$ 在 $x=1$ 处的连续性.

解 由于 $f(1)=2$，且

$$\lim_{x \to 1^-} f(x) = \lim_{x \to 1^-} (2x) = 2 = f(1)$$

$$\lim_{x \to 1^+} f(x) = \lim_{x \to 1^+} (x^2+1) = 2 = f(1)$$

因此函数 $f(x)$ 在 $x=1$ 处左连续且右连续，所以函数 $f(x)$ 在 $x=1$ 处连续.

例5 设函数

$$f(x) = \begin{cases} x^2+3, & x \geq 0, \\ a-x, & x<0 \end{cases}$$

问：a 为何值时，函数 $y=f(x)$ 在点 $x=0$ 处连续？

解 因为 $f(0)=3$，且

$$\lim_{x \to 0^-} f(x) = \lim_{x \to 0^-} (a-x) = a$$

$$\lim_{x \to 0^+} f(x) = \lim_{x \to 0^+} (x^2+3) = 3$$

因此，当 $a=3$ 时，$y=f(x)$ 在点 $x=0$ 处连续.

在工程技术中，常用增量来描述变量的改变量.

设变量 u 从它的一个初值 u_1 变到终值 u_2，终值 u_2 与初值 u_1 的差 u_2-u_1 称为变量 u 的增量，记为 Δu，即

$$\Delta u = u_2 - u_1$$

变量的增量 Δu 可能为正，可能为负，还可能为零.

设函数 $y=f(x)$ 在 x_0 的某个邻域 $U(x_0)$ 内有定义，若 $x \in U(x_0)$，则

$$\Delta x = x - x_0$$

Δx 称为自变量 x 在点 x_0 处的增量. 显然，$x=x_0+\Delta x$，当自变量由 x_0 变到 x 时，此时，函数值相应地由 $f(x_0)$ 变到 $f(x)$，于是

$$\Delta y = f(x) - f(x_0) = f(x_0+\Delta x) - f(x_0)$$

称为函数 $f(x)$ 在点 x_0 处相应于自变量增量 Δx 的增量.

函数 $f(x)$ 在点 x_0 处的连续性，可等价地通过函数的增量与自变量的增量关系来描述.

定义3 设函数 $f(x)$ 在 x_0 的某个邻域内有定义，如果

$$\lim_{\Delta x \to 0} \Delta y = \lim_{\Delta x \to 0} [f(x_0+\Delta x) - f(x_0)] = 0$$

则称函数 $f(x)$ 在点 x_0 处连续.

函数 $f(x)$ 在 x_0 处的单侧连续性，可完全类似地用增量形式描述.

二、连续函数的基本性质

定理2（连续函数的局部保号性） 若函数 $y=f(x)$ 在点 x_0 处连续，且 $f(x_0)>0$（或 $f(x_0)<0$），则存在 x_0 的某个邻域 $U(x_0)$，使得当 $x \in U(x_0)$ 时有 $f(x)>0$（或 $f(x)<0$）.

定理3 若函数 $f(x)$，$g(x)$ 均在点 x_0 处连续，则

(1) $af(x)+bg(x)$（a,b 为常数）；

(2) $f(x)g(x)$；

(3) $\dfrac{f(x)}{g(x)}$（$g(x_0) \neq 0$）.

均在点 x_0 处连续.

定理 4（连续函数的反函数的连续性） 若函数 $f(x)$ 是在区间 (a,b) 内单调的连续函数, 则其反函数 $x=f^{-1}(y)$ 是在相应区间 (α,β) 内单调的连续函数, 其中 $\alpha=\min\{f(a^+),f(b^-)\}$, $\beta=\max\{f(a^+),f(b^-)\}$.

定理 5（复合函数的连续性） 设 $y=f[\varphi(x)]$ $(x\in I)$ 是由函数 $y=f(u)$, $u=\varphi(x)$ 复合而成的复合函数, 如果 $u=\varphi(x)$ 在点 $x_0\in I$ 连续, 又 $y=f(u)$ 在相应点 $u_0=\varphi(x_0)$ 处连续, 则 $y=f[\varphi(x)]$ 在点 x_0 处连续.

定理 6 初等函数的连续性:

（1）基本初等函数在其定义域内连续;

（2）一切初等函数在其定义区间内连续.

例 6 试求函数 $y=\dfrac{1}{x^2-1}$ 的间断点.

解 因为函数 $y=\dfrac{1}{x^2-1}$ 是初等函数, 所以其在定义区间 $(-\infty,-1)$, $(-1,1)$, $(1,+\infty)$ 内均连续, 间断点即为函数无意义的点, 所以, 该函数的间断点是 $x=\pm 1$.

三、闭区间上连续函数的性质

1. 根的存在定理（零点存在定理）

定理 7 若函数 $y=f(x)$ 在闭区间 $[a,b]$ 上连续, 且 $f(a)\cdot f(b)<0$, 则至少存在一点 $x_0\in(a,b)$, 使 $f(x_0)=0$.

例 7 证明 $x^3-4x^2+1=0$ 在区间 $(0,1)$ 内至少有一个根.

解 令 $f(x)=x^3-4x^2+1$, 则 $f(x)$ 在 $[0,1]$ 上连续, 又 $f(0)=1>0$, $f(1)=-2<0$, 由零点定理知 $\exists\xi\in(0,1)$, 使 $f(\xi)=0$, 即 $\xi^3-4\xi^2+1=0$, 所以方程 $x^3-4x^2+1=0$ 在区间 $(0,1)$ 内至少有一个根 ξ.

2. 介值定理

定理 8 设函数 $y=f(x)$ 为闭区间 $[a,b]$ 上的连续函数, $f(a)\neq f(b)$, 则对介于 $f(a)$ 与 $f(b)$ 之间的任一值 c, 至少存在一点 $x_0\in(a,b)$, 使 $f(x_0)=c$.

3. 最大最小值定理

我们首先引入最大值和最小值的概念.

定义 4 设函数 $y=f(x)$ 在区间 I 上有定义, 如果存在点 $x_0\in I$, 使得对任意的 $x\in I$, 有
$$f(x_0)\geq f(x)\ (或f(x_0)\leq f(x))$$
则称 $f(x_0)$ 为函数 $y=f(x)$ 在区间 I 上的最大（小）值. 最大值和最小值统称为最值.

定理 9（闭区间上连续函数的最值定理）若函数 $y=f(x)$ 为 $[a,b]$ 上的连续函数, 则它一定在闭区间 $[a,b]$ 上取得最大值和最小值.

课程思政：

通过对连续性这个知识点的学习，我们明白一个道理，无论做任何事情都要持之以恒，持续不断，一步一步地接近目标，不能急于求成、拔苗助长.

习题 2-2

1. 判断下列函数在点 $x=0$ 处是否连续：

(1) $y=\dfrac{1}{x^2-x}$；　　(2) $y=\dfrac{1}{x^2-x-6}$；

(3) $f(x)=\begin{cases} x^2\cos\dfrac{1}{x}, & x\neq 0, \\ 0, & x=0; \end{cases}$

(4) $f(x)=\begin{cases} e^x+1, & x\geq 0, \\ \dfrac{2\sin x}{x}, & x<0. \end{cases}$

2. 设 $f(x)=\begin{cases} x^2+3, & x<0, \\ 2\sin x+a, & x\geq 0. \end{cases}$ 问：a 为何值时，函数 $f(x)$ 在点 $x=0$ 连续？

3. 已知函数 $f(x)=\begin{cases} x^2\sin\dfrac{1}{x}+a, & x<0, \\ b, & x=0, \\ \dfrac{\sin 2x}{x}, & x>0 \end{cases}$ 在点 $x=0$ 连续，试求 a, b 的值.

4. 证明方程 $x^4-4x^2+2=0$ 至少有一个根介于 0 和 1 之间.

§2.3 货币的时间价值

有句话叫作"时间就是金钱". 对于投资理财来说，时间是一个非常重要的因素. 因为尽管是收益很低的不起眼的一笔小投资，在时间的发酵下也有可能变成意想不到的财富. 只有理解了货币的时间价值，才能真正掌握理财的方法.

一、货币的时间价值

货币投入生产经营后，其数额会随着时间不断增长，这是一种客观的经济现象. 因为社会的资金具有一个循环，其起点是投入货币资金之后，社会用其来购买所需要的资源，然后生产出新的产品，最后出售产品，这样就形成了货币价值的增长. 这样一个循环需要或多或少的时间，每完成一次循环，货币就会增加. 循环的次数越多，其增值就会越多. 因此，货币价值总量会在循环以及周转中以几何级数增长，具有时间价值. 其时间价值的具体表现为本章后面讨论到的几类情况.

二、终值与现值

今天能收到的一元，比未来收到的一元有更高的价值．因为如果你现在就拥有这一元，那么你就可以进行投资并且获取利息，因此在未来就可能获得超过一元的金额．那么今天的金额的价值，就称为现值；经过一段时间增长后的价值，称为终值．

定义 1 今天的货币金额所对应的价值，或者账户上的初始余额，称为**现值**，常用 PV 表示．

定义 2 今天的货币金额对应的价值，在一段时间的增长后对应的价值，称为**终值**，常用 FV 表示．另外，在 n 年之后的价值，也就是 n 年之后的年末余额，用 FV_n 表示．

例 1 假如账户上有 100 元，进行了一项收益为 5% 的投资．那么，投资结束后的最终是多少？

解 PV=100，那么这项投资结束后，FV=PV+PV×0.05=105（元）．

三、时间线

在货币的时间价值的讨论中，运用到的重要工具之一就是时间线，它是讨论与计算过程中用到的较直观的图形．请看下面定义及例子．

定义 3 作如下一条线为**时间线**：

时点： 0　1　2　3　4　5

今天的时点为时点 0；时点 1 是距离今天一个时期之后的时点（这个时期可以是一年，可以是一个月，也可以是其他时间长度），或者说是第一期期末的时点；时点 2 是距离今天两个时期之后的时点，或者说是第二期期末的时点；依次类推．换句话说，在每一个刻度上的数字代表每期的期末时点．

另外，我们还可以在时间线的上方标注每一个时期的利率；在时间点的下方标记该时间的现金流量．请观察下面这个例子．

例 2 A 在 2018 年参加工作，工作的第一年后有了 10 000 元的积蓄．2019 年年初 A 把他这部分积蓄继续投资到银行里一个年利率为 4% 的项目中，年末取出．下一年年初又将取出全部金额投资到了另一个年利率为 5% 的项目中，请问：2020 年年末 A 的理论资金为多少？

解 我们以 2018 年年末、2019 年年初为时间线的时点 0，那么 2019 年年末、2020 年年末则分别为时点 1 和时点 2，作如下一条线为时间线：

时点： 0　4%　1　5%　2

投资现金流量：10 000 元

那么第一期投资后，第一期期末余额应为：$FV_1 = PV + PV \times 0.04 = 10\ 400$．

第二期期末余额应为：$FV_2 = FV_1 + FV_1 \times 0.05 = 10\ 920$．

可以感受到，时间线的分析在学习本章概念的时候非常方便、有用而且重要．我们应该多用这一概念分析问题．

课程思政：

从货币的时间价值中可以看到，时间是宝贵的，我们应该好好珍惜时光，通过在时光中的努力学习来丰富我们的知识和技能，从而丰富我们的人生．

习题 2-3

1. 请讨论：为什么货币会具有时间价值呢？"今天收到的一元比明天收到的一元价值更高"，这句话的表述意味着什么？
2. 请画出一个 3 年的时间线，表示以下情况．
（1）在 0 时点发生了现金流入 20 000；
（2）前两年的利率为 5%，第 3 年的利率为 8%．计算 3 年后的终值．

§2.4 单利与复利

利息的决定因素有三个，即本金、利率和时间（计息期数）．利息的计算方式有两种，一是单利计算方式；二是复利计算方式．

一、单利

银行储蓄和其他资金借贷中，利率大小、计息期、计息方法都是双方事先同意的，都关注的是总的结果．比如，人们去进行三年期的储蓄，一种方式是按单利计算，年利率 4%；另一种方式是按复利计算，年利率是 3%，相信人们多会采用单利法的储蓄方式．为什么呢？让我们先来了解一下什么是单利．

定义 1 一笔资金无论存期多长，只有本金计取利息，而以前各期利息在下一个利息周期内不计算利息的计息方法，称为**单利**（Simple Interest）．

如果我们用 i 来表示年利率，n 表示以年为单位的计息期数（年）的话，那么单利总利息（I）的计算公式为：

$$I = PV \times i \times n$$

单利终值的计算公式为：

$$FV_n = PV + PV \times i \times n = PV \times (1 + i \times n)$$

可以看到，其中的思想为**利不生利**，即本金固定，到期后一次性结算利息，而本金所产生的利息不再计算利息．

例 1 假如 A 用 10 000 元去银行储蓄投资，每年产生的收益为 5%，约定以单利方式计算，3 年后 A 的收益是多少？

解 以单利方式计算的话，每年 A 都能获取 10 000×0.05 = 500（元）的利息，3 年就能获得 1 500 元的收益．

二、复利

在投资时间或者期数较短的情况下，确实年利率较高的单利计算方式更为简单、明了．但是，在多年以后，年利率为 3% 复利计算方式的收益会比年利率为 4% 的单利计算方式低吗？

定义 2 在计算利息时，某一计息周期的利息是由本金加上先前周期所积累利息总额来计算的计息方法，称为**复利**（Compound Interest）.

如果我们用 i 来表示年利率，n 表示以年为单位的计息期数，那么复利终值的计算公式为

$$FV_n = PV \times (1+i)^n$$

复利总利息（I）的计算公式为

$$I = FV_n - PV$$

同样可以看到，其中的思想为**利滚利**，把上一期的本金和利息作为下一期的本金来计算利息.

例 2 与例 1 类似，假如 A 用 10 000 元去银行储蓄投资，每年产生的收益为 5%，但是约定以复利方式计算，3 年内 A 的收益为多少？

解 按复利终值计算公式，3 年末的终值为

$$FV_3 = 10\,000 \times (1 + 0.05)^3 = 11\,576.25(元)$$

三年内的收益为

$$I = FV_3 - PV = 1\,576.25(元)$$

课程思政：

珍惜当下，努力学习. 不怕起点低，每天坚持不懈地努力进步一点点，因为上面所学的"利滚利"知识告诉了我们，每天微小进步，最终都会演变成巨大的进步.

习题 2-4

1. 请讨论：什么是复利？"利滚利"是一个什么样的计算方式？举例讨论一个现实中利滚利的情况.

2. 请画出一个 5 年的时间线，描述并应用公式计算：一项 50 000 元的投资，年利率为 8%，分别按单利和复利的方式计算，在 5 年后的终值.

3. 按复利模型的计算方式，谈谈大学生网贷的风险及危害.

§2.5 连续复利

单利与复利的情况在银行储蓄中普遍存在. 但是在证券市场这种较大波动的环境中，用年或者月份来计算利息或收益都会有明显的不合适. 其原因是，在这些环境中结转次数非常多，比如今天投资的 a 股可能明天就会全部抛售转而投资 b 股. 那么在结转期非常短的情况下，利滚利的复利会是一个什么情况呢？

一、连续复利

连续复利是指在期数趋于无限大的极限情况下得到的利率,此时每一个时期都很短,可以看作无穷小量. 复利在前面我们已经了解过了,就是复合利息,指的是收益还可以再产生收益,简单来说就是利滚利.

定义1 在某些情况下,现值在无限短的时间内按照复利计息,称为**连续复利**(Continuous Compounding).

下面将讨论连续复利的终值计算方式:

例1 以上一节例2为基础,前面得到了应用复利计算方式,现值10 000元,年利率5%的情况下,3年后的终值为 $FV_3 = 10\,000 \times (1+0.05)^3 = 11\,576.25$.

现在将计息次数从每年一次分为每月计算一次,那么对应的年利率也应该对应分解为月利率. 这里考虑一种最简单的情况,即年利息直接分为12份得到月利息的情况. 那么例4中三年后的终值变化为 $FV_3' = 10\,000 \times \left(1+\dfrac{0.05}{12}\right)^{3\times 12} \approx 11\,614.7$.

这个是按每月复利计息的一个结果,是不是和前面例4的结果不同了呢?

例2 如果是按更短的时间计息呢? 比如每日、每时、每分、每秒.

按更短的时间计息,计息期数对应地就会更多,比如我们现在把一年分为 t 期计息,t 具有 $t \to +\infty$ 的一个趋势. 列式可得 $FV_3^* = \lim\limits_{t \to +\infty} 10\,000 \times \left(1+\dfrac{0.05}{t}\right)^{3\times t}$.

观察可见,这个式子中的利息部分是一个 $(1+0)^\infty$ 的一个形式,其结果可以利用第二个重要极限公式计算出来.

二、连续复利的结果

通过前面介绍的重要极限的学习,我们就可以计算连续复利的结果.

例3 以例1为基础,该模型中连续复利的式子为 $FV_3^* = \lim\limits_{t \to +\infty} 10\,000 \times \left(1+\dfrac{0.05}{t}\right)^{3\times t}$.

现在我们计算其结果:

$$FV_3^* = \lim_{t \to +\infty} 10\,000 \times \left(1+\dfrac{0.05}{t}\right)^{3t} = 10\,000 \times \lim_{t \to +\infty} \left(1+\dfrac{0.05}{t}\right)^{3t}$$

$$= 10\,000 \times \left[\lim_{t \to +\infty}\left(1+\dfrac{0.05}{t}\right)^{\frac{t}{0.05}}\right]^{0.05 \times 3} = 10\,000 \times e^{0.05 \times 3} \approx 11\,618.3$$

以复利的计算公式($FV_n = PV \times (1+i)^n$)为基础,假设我们每年分为 t 期计息,那么 n 年后连续复利的终值应为

$$FV_n = \lim_{t \to \infty} PV \times \left(1+\dfrac{i}{t}\right)^{nt} = PV \times \left[\lim_{t \to \infty}\left(1+\dfrac{i}{t}\right)^{\frac{t}{i}}\right]^{in} = PV \times e^{in}$$

也就是说,n 年后连续复利的终值为 $FV_n = PV \times e^{in}$.

例4 一笔200 000元的资金,在进行一项年利率为8%的投资中,若是以连续复利的形式计算,5年后的终值是多少?

解 $FV_5 = 200\,000 \times e^{0.08 \times 5} \approx 298\,365$

另外，下面几个图也说明了普通的复利与连续复利的关系．以 1 元为现值，以 25% 为年利率，分别计算 5 年内按年度复利、半年度复利以及连续复利的情况．可以看到计算复利越频繁，最后累计的金额就会越大，因为利息产生利息更频繁．

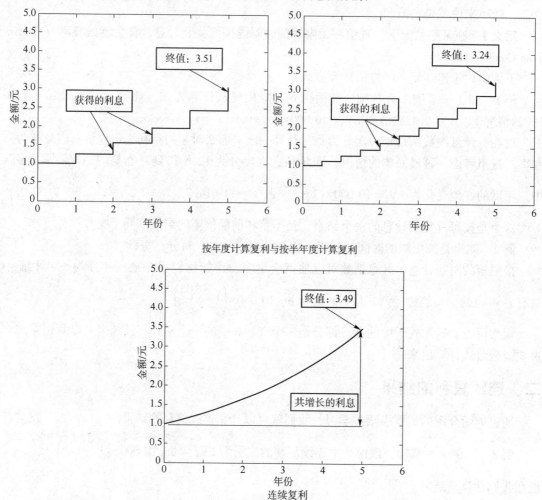

按年度计算复利与按半年度计算复利

连续复利

以上，我们讨论了货币的时间价值的三类典型模型，希望有助于读者收获更多生活中经济数学的知识．但经济数学及货币的时间价值的体现不局限于以上几类情况，希望读者可以从生活中慢慢体会及仔细品味．

课程思政：

从上面所学的内容可以看到，持续不断地在原有基础上进步，是飞速发展的一种方式．而且，进步时间间隔越短，进步速度越快．因此，要惜时如金，若能抓住每一个瞬间提高自己，必将极快地提升自己，实现自我的飞速发展．正如我们国家今时今日的发展成就，正是来自于无数国人争分夺秒的埋头苦干．

习题 2-5

1. 计算下列极限：

（1）$\lim\limits_{x\to+\infty}\left(\dfrac{1+x}{x}\right)^{3x}$；

（2）$\lim\limits_{x\to+\infty}\left(\dfrac{x}{x-1}\right)^{x+1}$.

2. 讨论：一笔 50 000 元的资金，在进行一项年利率为 10% 的投资中，若是以连续复利的形式计算，5 年后的终值是多少？

3. 讨论在货币的时间价值中，计息方式的不同对于投资或者贷款的影响.

§2.6 导数的概念

本节之后将主要研究导数和微分的概念及其运算法则. 导数与微分是一元函数微分学的两个基本概念. 导数，从本质上看，是一类特殊形式的极限，是对函数变化率的度量，也是刻画函数相对于自变量变化快慢程度的数学抽象. 微分，是函数增量的线性主部，它是函数增量的近似表示. 微分与导数密切相关，它们都有着广泛的实际应用，和我们的生活密切相关的应用很多，比如下面的三个现实的案例.

案例 1 路段限速为 100 km/h，交警手持测速设备在距公路垂直距离为 30 m 的地方对过往车辆测速. 一辆汽车在该公路上行驶，测速设备探得该汽车现距离交警 50 m，以 90 km/h 的速度接近交警，请问：该车是否正在超速行驶？

案例 2 汽车在限速为 80 km/h 的路段上行驶，在途中发生了事故，警察到现场后，测得该车的刹车痕迹长为 30 m，而该车型的满刹车时的加速度为 $a=-15\ \text{m/s}^2$，于是警察判该车为超速行驶，承担一部分责任，你知道为什么吗？

案例 3 统计表明，某种型号的汽车在匀速行驶中每小时的油耗量 $y(L)$ 关于行驶速度 $v(\text{km/h})$ 的函数关系可以表示为：$y=\dfrac{1}{128\,000}v^3-\dfrac{3}{80}v+8\,(0\leqslant v\leqslant 120)$. 已知甲乙两地相距 100 km，当汽车以多大的速度匀速行驶时，从甲地到乙地的油耗是最少的？最少油耗是多少？

学完本章内容，你再回过头来认真思考一下这些案例用到了哪些导数知识，你能解决这些实际案例中的问题吗？

一、引例

为了说明微分学的基本概念——导数，我们先讨论两个问题：速度问题和切线问题. 这两个问题在历史上都与导数概念的形成有着密切的关系.

1. 变速直线运动的瞬时速度

设一物体沿着直线运动，以它的运动直线为数轴，则对于物体运动中的时刻 t，它的相应位置可以用数轴上的一个坐标 s 表示. 由函数的定义, s 是 t 的函数, 记为 $s=s(t)$. 这个函数反映了运动中物体的位置, 因此称为位置函数.

最简单的情形, 如果物体所做的运动是匀速的, 则物体运动的速度等于物体运动所经过的路程与所花的时间之比, 并且比值是一个常数, 即

$$\text{速度} = \frac{\text{经过的路程}}{\text{所花的时间}}$$

如果物体所做的运动不是均匀的, 则在运动的不同时间间隔内, 上述比值是不同的, 即运动中的不同时刻, 物体运动的快慢程度是不同的. 这样, 把上述比值笼统地称为该物体的速度就不合适了, 而需要按不同的时刻来考虑. 那么, 对于非匀速运动的物体在某一时刻 (设为 t_0) 的速度应该如何理解而又如何求呢?

我们假定这个物体沿数轴的正方向前进 (见图 2-3), 设当 $t=t_0$ 时, 物体的位置为 $s(t_0)$, 当 $t=t_0+\Delta t$ 时, 物体的位置为 $s(t_0+\Delta t)$, 在 t_0 到 $t_0+\Delta t$ 这个时间间隔内, 物体相应地从 $s_0=s(t_0)$ 运动到 $s=s(t_0+\Delta t)$.

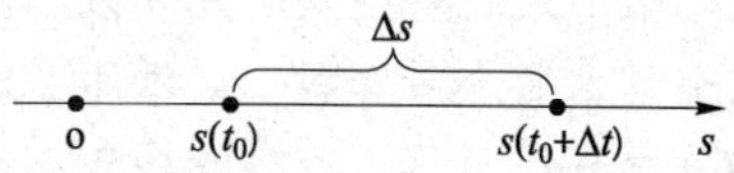

这时, 物体运动所经过的路程与所花时间之比是

$$\frac{\Delta s}{\Delta t} = \frac{s(t_0+\Delta t)-s(t_0)}{\Delta t}$$

图 2-3

这是物体在上述时间间隔内的**平均速度**, 记为 $\bar{v}$. 如果在这个时间间隔内, $|\Delta t|$ 取得很小, 则物体运动的平均速度 $\bar{v}$ 可近似地反映物体在 t_0 时刻的速度, 并且 $|\Delta t|$ 取得越小, 这个近似值的精确程度就越高. 于是, 当 $\Delta t \to 0$ 时, 平均速度 $\bar{v}$ 就会无限地接近于物体在 t_0 时刻的速度. 因此, 如果这个极限

$$\lim_{\Delta t \to 0} \frac{\Delta s}{\Delta t} = \lim_{\Delta t \to 0} \frac{s(t_0+\Delta t)-s(t_0)}{\Delta t}$$

存在, 则把这个极限值称为物体在 t_0 时刻的**瞬时速度**, 记为 $v(t_0)$.

这就是说, 物体运动的瞬时速度, 就是位置函数的增量 Δs 和时间增量 Δt 的比值在时间增量 $\Delta t \to 0$ 时的极限.

2. 平面曲线的切线斜率

圆的切线可以定义为 "与圆只有一个交点的直线". 但对于其他曲线, 这个定义就不一定合适. 例如, 对于抛物线 $y=x^2$, 在原点 O 处两个坐标轴都符合上述定义, 但实际上只有 x 轴是该抛物线在点 O 处的切线. 因此, 对于一般的曲线, 如何定义它的切线呢?

设有曲线 C 及 C 上的一点 M (见图 2-4), 在点 M 外另取 C 上一点 N, 作割线 MN. 当点 N 沿曲线 C 趋于点 M 时, 如果割线 MN 绕点 M 旋转而趋于极限位置 MT, 直线 MT 就称为曲线 C 在点 M 处的切线.

现在就曲线 C 为函数 $y=f(x)$ 的图形的情形来讨论切线的斜率问题. 要确定曲线 C 在点 $M(x_0, y_0)$ 处的切线, 只要定出切线的斜率就行了. 为此, M 外另取 C 上一点 $N(x_0+$

$\Delta x, y_0+\Delta y)$，于是割线 MN 的斜率为

$$\tan \phi = \frac{\Delta y}{\Delta x} = \frac{f(x_0+\Delta x)-f(x_0)}{\Delta x}$$

其中，ϕ 为割线 MN 的倾角．当点 N 沿曲线 C 趋于点 M 时，$\Delta x \to 0$，如果上式的极限存在，设为 k，即

$$k = \lim_{\Delta x \to 0} \frac{f(x_0+\Delta x)-f(x_0)}{\Delta x}$$

存在，则此极限 k 是割线斜率的极限，也就是**切线的斜率**．这里 $k = \tan \alpha$，其中 α 是切线 MT 的倾角．

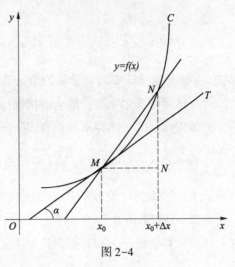

图 2-4

这就是说，曲线 $y=f(x)$ 在点 $M(x_0,y_0)$ 处的切线的斜率，就是函数在点 $M(x_0,y_0)$ 处，纵坐标的增量 Δy 和横坐标的增量 Δx 的比值在 $\Delta x \to 0$ 时的极限．

二、导数的定义

上面我们研究了变速直线运动的瞬时速度和曲线的切线斜率，虽然它们的具体意义各不相同，但从数学的角度看，它们具有相同的形式，都是函数的增量与自变量的增量之比，当自变量的增量趋于零时的极限．在自然科学和工程技术领域内，还有许多的量，如电流强度、角速度、线密度、化学反应速率、经济学中的边际成本等，都具有这种形式．我们抛开这些量的具体意义，抽象出它们的数学本质，把这种形式的极限定义为函数的导数．

1. 函数在一点处的导数与导函数

定义 1 设函数 $y=f(x)$ 在点 x_0 的某个邻域内有定义，当自变量在 x_0 处取得增量 Δx 时，相应的函数值 y 取得的增量 $\Delta y = f(x_0+\Delta x)-f(x_0)$，若极限 $\lim\limits_{\Delta x \to 0} \dfrac{\Delta y}{\Delta x}$ 存在，则称函数 $y=f(x)$ 在点 x_0 处可导，称此极限值为函数 $y=f(x)$ 在点 x_0 处的**导数**，记为 $f'(x_0)$，或 $y'\big|_{x=x_0}$，$\dfrac{\mathrm{d}y}{\mathrm{d}x}\bigg|_{x=x_0}$，$\dfrac{\mathrm{d}f(x)}{\mathrm{d}x}\bigg|_{x=x_0}$，即

$$f'(x_0) = \lim_{\Delta x \to 0} \frac{\Delta y}{\Delta x} = \lim_{\Delta x \to 0} \frac{f(x_0+\Delta x)-f(x_0)}{\Delta x}$$

如果上述极限不存在，则称函数 $y=f(x)$ 在点 x_0 处不可导．

导数的定义式也可表示为

$$f'(x_0) = \lim_{x \to x_0} \frac{f(x)-f(x_0)}{x-x_0}$$

或
$$f'(x_0) = \lim_{h \to 0} \frac{f(x+h) - f(x)}{h}$$

其中，h 就是定义式中的自变量的增量 Δx.

导数是函数变化率这一概念的精确描述，它撇开了自变量和因变量所代表的几何或物理等方面的特殊意义，纯粹从数量方面来刻画函数变化率的本质. 函数增量与自变量增量的比值 $\frac{\Delta y}{\Delta x}$，是函数 y 在以 x_0 和 $x_0 + \Delta x$ 为端点的区间上的平均变化率，而导数 $y'|_{x=x_0}$ 则是函数 y 在点 x_0 处的变化率，它反映了函数随自变量变化而变化的快慢程度.

定义 2 如果函数 $y = f(x)$ 在开区间 I 内的每点处都可导，就称函数 $f(x)$ 在开区间 I 内可导，这时，对于任一 $x \in I$，都对应着 $f(x)$ 的一个确定的导数值. 这样就构成了一个新的函数，这个函数叫作原来函数 $y = f(x)$ 的**导函数**，简称为**导数**，记作 y'，$f'(x)$，$\frac{dy}{dx}$，或 $\frac{df(x)}{dx}$，即

$$y' = \lim_{\Delta x \to 0} \frac{f(x + \Delta x) - f(x)}{\Delta x}$$

注：上面的式子中，虽然 x 可以取区间 I 内的任意数值，但在极限过程中，x 是常量，Δx 是变量.

显然，函数 $f(x)$ 在点 x_0 处的导数 $f'(x_0)$ 就是导函数 $f'(x)$ 在 $x = x_0$ 处的函数值，即

$$f'(x_0) = f'(x)|_{x=x_0}$$

有了导数的概念，前面讨论的两个实例可以叙述为

(1) 变速直线运动的速度 $v(t_0)$ 是路程 $s = s(t)$ 在点 t_0 时刻的导数，即
$$v(t_0) = s'(t_0)$$

(2) 曲线 C 在 $(x_0, f(x_0))$ 处的切线的斜率等于函数 $f(x)$ 在点 x_0 处的导数，即
$$k_{切} = \tan \alpha = f'(x_0)$$

根据导数的定义求导，求函数在任意点 x 处的导数 $f'(x)$，可分为以下三个步骤：

(1) 求函数的增量：$\Delta y = f(x + \Delta x) - f(x)$；

(2) 求两增量的比值：$\frac{\Delta y}{\Delta x} = \frac{f(x + \Delta x) - f(x)}{\Delta x}$；

(3) 求极限：$y' = \lim_{\Delta x \to 0} \frac{\Delta y}{\Delta x}$.

例 1 设函数 $f(x) = x^2$，求 $f'(x)$，$f'(1)$.

解 (1) $\Delta y = f(x + \Delta x) - f(x) = (x + \Delta x)^2 - (x)^2 = 2x\Delta x + (\Delta x)^2$，

(2) $\frac{\Delta y}{\Delta x} = \frac{2x\Delta x + (\Delta x)^2}{\Delta x} = 2x + \Delta x$，

(3) $y' = \lim\limits_{\Delta x \to 0} \dfrac{\Delta y}{\Delta x} = \lim\limits_{\Delta x \to 0}(2x + \Delta x) = 2x$,

所以，$y' = f'(x) = 2x$，$f'(1) = f'(x)|_{x=1} = (2x)|_{x=1} = 2$.

2. 左、右导数

既然导数是一个特定的极限，而极限存在的充分必要条件是左、右极限都存在且相等，那么 $f'(x_0)$ 存在，即 $\dfrac{f(x_0+h)-f(x_0)}{h}$ 当 $h \to 0$ 时的左、右极限都存在且相等，把这两个极限分别称为函数 $f(x)$ 在点 x_0 处的**左导数**和**右导数**，记为 $f'_-(x_0)$ 和 $f'_+(x_0)$，即

$$f'_-(x_0) = \lim_{h \to 0^-} \dfrac{f(x_0+h)-f(x_0)}{h}$$

$$f'_+(x_0) = \lim_{h \to 0^+} \dfrac{f(x_0+h)-f(x_0)}{h}$$

根据极限存在的充分必要条件，我们有下面的定理.

定理 1 函数 $y = f(x)$ 在点 x_0 处可导的充分必要条件是：函数 $y = f(x)$ 在点 x_0 处的左、右导数均存在且相等.

例 2 讨论函数 $f(x) = |x|$ 在 $x = 0$ 处的可导性.

如图 2-5 所示：

解 $f'_-(0) = \lim\limits_{h \to 0^-} \dfrac{f(0+h)-f(0)}{h} = \lim\limits_{h \to 0^-} \dfrac{|h|}{h} = -1$

$f'_+(0) = \lim\limits_{h \to 0^+} \dfrac{f(0+h)-f(0)}{h} = \lim\limits_{h \to 0^+} \dfrac{|h|}{h} = 1$

因为 $f'_-(0) \neq f'_+(0)$，根据定理 1，可知函数 $f(x) = |x|$ 在 $x = 0$ 处不可导.

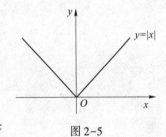

图 2-5

三、求导数举例

下面我们通过具体实例，来推导一些基本初等函数的求导公式.

例 3 求函数 $f(x) = C$（C 为常数）的导数.

解 $f'(x) = \lim\limits_{\Delta x \to 0} \dfrac{f(x+\Delta x)-f(x)}{\Delta x} = \lim\limits_{\Delta x \to 0} \dfrac{C-C}{\Delta x} = 0$.

即 $(C)' = 0$

例 4 求函数 $f(x) = x^n$（n 为正整数）的导数.

解 $f'(x) = \lim\limits_{\Delta x \to 0} \dfrac{f(x+\Delta x)-f(x)}{\Delta x} = \lim\limits_{\Delta x \to 0} \dfrac{(x+\Delta x)^n - x^n}{\Delta x}$

$= \lim\limits_{\Delta x \to 0} \dfrac{[x^n + nx^{n-1}\Delta x + C_n^2 x^{n-2}(\Delta x)^2 + \cdots + (\Delta x)^n - x^n]}{\Delta x} = nx^{n-1}$

即
$$(x^n)' = nx^{n-1}$$

一般地，有 $(x^\mu)' = \mu x^{\mu-1}$，其中 μ 为任意常数.

例如 $\left(\dfrac{1}{x}\right)' = -\dfrac{1}{x^2}$，$(\sqrt{x})' = \dfrac{1}{2\sqrt{x}}$.

例 5 求正弦函数 $f(x) = \sin x$ 的导数.

解
$$f'(x) = \lim_{h \to 0} \dfrac{f(x+h) - f(x)}{h} = \lim_{h \to 0} \dfrac{\sin(x+h) - \sin x}{h}$$
$$= \lim_{h \to 0} \dfrac{1}{h} \cdot 2\cos\left(x + \dfrac{h}{2}\right) \sin \dfrac{h}{2}$$
$$= \lim_{h \to 0} \cos\left(x + \dfrac{h}{2}\right) \cdot \dfrac{\sin \dfrac{h}{2}}{\dfrac{h}{2}} = \cos x$$

用类似的方法，可求得 $(\cos x)' = -\sin x$.

例 6 求函数 $f(x) = \log_a x\,(a>0, a \neq 1)$ 的导数.

解
$$f'(x) = \lim_{h \to 0} \dfrac{\log_a(x+h) - \log_a x}{h} = \lim_{h \to 0} \dfrac{1}{h} \log_a\left(1 + \dfrac{h}{x}\right)$$
$$= \dfrac{1}{x} \lim_{h \to 0} \dfrac{\log_a\left(1 + \dfrac{h}{x}\right)}{\dfrac{h}{x}} = \dfrac{1}{x \ln a}.$$

即
$$(\log_a x)' = \dfrac{1}{x \ln a}$$

特别地，
$$(\ln x)' = \dfrac{1}{x}$$

四、函数的可导性与连续性的关系

可导性与连续性是函数的两个重要概念，它们之间有什么内在的联系呢？

设函数 $y = f(x)$ 在点 x_0 处可导，即
$$\lim_{\Delta x \to 0} \dfrac{\Delta y}{\Delta x} = f'(x_0)$$

存在. 则根据极限与无穷小的关系知
$$\dfrac{\Delta y}{\Delta x} = f'(x_0) + \alpha$$

其中，α 为 $\Delta x \to 0$ 时的无穷小. 上式两端同乘 Δx，得
$$\Delta y = f'(x_0) \Delta x + \alpha \Delta x$$

由此可见，当 $\Delta x \to 0$ 时，$\Delta y \to 0$，也就是说，函数 $y = f(x)$ 在点 x_0 处是连续的.

所以我们得出下面的定理.

定理 2 如果函数 $y=f(x)$ 在点 x_0 处可导，则函数 $y=f(x)$ 在点 x_0 处必连续.

注：一个函数在某点处连续却不一定在该点处可导. 比如本节例2，函数 $f(x)=|x|$ 在 $x=0$ 处不可导，但它在 $x=0$ 处连续.

函数在某点处连续是函数在该点处可导的必要条件，但不是充分条件. 另外，若函数在某点处不连续，则它在该点处一定不可导.

五、导数的意义

1. 导数的几何意义

由引例中曲线切线问题的讨论和导数的定义知，函数 $y=f(x)$ 在点 x_0 处的导数 $f'(x_0)$ 就是曲线 $y=f(x)$ 在点 $(x_0,f(x_0))$ 处的切线的斜率，即 $\tan\alpha=f'(x_0)$，其中，α 是切线的倾角.

如果 $y=f(x)$ 在点 x_0 处的导数为无穷大，这时曲线 $y=f(x)$ 的割线以垂直于 x 轴的直线 $x=x_0$ 为极限位置，即曲线 $y=f(x)$ 在点 $(x_0, f(x_0))$ 处，具有垂直于 x 轴的切线 $x=x_0$.

因此，由导数的意义及直线的点斜式方程，可知曲线 $y=f(x)$ 上点 $(x_0, f(x_0))$ 处，切线方程为

$$y-y_0=f'(x_0)(x-x_0)$$

曲线 $y=f(x)$ 上点 $(x_0, f(x_0))$ 处，法线方程为

$$y-y_0=\frac{-1}{f'(x_0)}(x-x_0)(f'(x_0)\neq 0)，其中 y_0=f(x_0).$$

例 7 求曲线 $f(x)=x^2$ 在点 $(1,1)$ 处的切线和法线方程.

解 从例1知，$(x^2)'|_{x=1}=2$，即曲线在点 $(1,1)$ 处的切线斜率为2，所以，曲线点 $(1,1)$ 处的切线方程为 $y-1=2(x-1)$，即 $y=2x-1$.

曲线点 $(1,1)$ 处的法线方程为 $y-1=-\frac{1}{2}(x-1)$，即 $y=-\frac{1}{2}x+\frac{3}{2}$.

2. 导数的经济意义

(1) 边际成本函数 $C'(q)$.

设某产品生产 q 个单位时的总成本为 $C=C(q)$，成本函数 $C(q)$ 的导数 $C'(q)$ 称为边际成本，其经济意义为：销量为 q 时，再生产一个单位产品所增加的成本.

(2) 边际收入函数 $R'(q)$.

设某商品销售量为 q 个单位时的总收入函数为 $R=R(q)$，收入函数 $R(q)$ 的导数 $R'(q)$ 称为边际收入，其经济意义为：销售量为 q 时，再销售一个单位产品所增加的收入.

(3) 边际利润函数 $L'(q)$.

设某商品销售量为 q 个单位时的总利润函数为 $L=L(q)$，利润函数 $L(q)$ 的导数 $L'(q)$ 称为边际利润，其经济意义为：产量为 q 时，多销售一个单位产量所增加的利润.

由于总利润、总收入和总成本有如下关系

因此，边际利润又可表示成
$$L(q) = R(q) - C(q)$$
$$L'(q) = R'(q) - C'(q)$$

例 8 设一企业生产某产品的日产量为 800 台，日产量为 q 个单位时的总成本函数为
$$C(q) = 0.1q^2 + 2q + 5\,000$$
求：（1）产量为 600 台时的总成本；

（2）产量为 600 台时的平均总成本；

（3）产量由 600 台增加到 700 台时总成本的平均变化率；

（4）产量为 600 台时的边际成本，并解释其经济意义.

解 （1） $C(600) = 0.1 \times 600^2 + 2 \times 600 + 5\,000 = 42\,200$；

（2） $\bar{C}(600) = \dfrac{C(600)}{600} = \dfrac{211}{3}$；

（3） $\dfrac{\Delta C}{\Delta q} = \dfrac{C(700) - C(600)}{100} = 132$；

（4） $C'(600) = 0.2 \times 600 + 2 = 122$.

这说明，当产量达到 600 台时，再增加一台的产量，总成本大约增加 122.

3. 导数的物理意义

（1）变速直线运动.

路程 $s = s(t)$ 对时间 t 的导数为物体的瞬时速度，即
$$v(t) = s'(t) = \lim_{\Delta t \to 0} \dfrac{\Delta s}{\Delta t} = \dfrac{\mathrm{d}s}{\mathrm{d}t}$$

（2）非均匀物体.

质量 $m = m(x)$（面积 A，体积 V）对长度 x 的导数为物体的线（面、体）密度，即
$$\rho = m'(x) = \lim_{\Delta x \to 0} \dfrac{\Delta m}{\Delta x} = \dfrac{\mathrm{d}m}{\mathrm{d}x} \left(\rho = m'(A) = \lim_{\Delta A \to 0} \dfrac{\Delta m}{\Delta A} = \dfrac{\mathrm{d}m}{\mathrm{d}A}, \rho = m'(V) = \lim_{\Delta V \to 0} \dfrac{\Delta m}{\Delta V} = \dfrac{\mathrm{d}m}{\mathrm{d}V} \right).$$

（3）交流电路.

电量对时间的导数为电流强度，即
$$i(t) = q'(t) = \lim_{\Delta t \to 0} \dfrac{\Delta q}{\Delta t} = \dfrac{\mathrm{d}q}{\mathrm{d}t}$$

习题 2-6

1. 设物体绕定轴旋转，在时间间隔 $[0, t]$ 上转过的角度为 θ，从而转角 θ 是 t 的函数，$\theta = \theta(t)$. 如果旋转是匀速的，那么称 $\omega = \dfrac{\theta}{t}$ 为该物体旋转的角速度. 如果旋转是非匀速的，应怎样确定该物体在时刻 t_0 的角速度？

2. 设函数 $f(x) = 5x^2$，试按导数的定义求 $f'(-2)$.

3. 设某工厂生产 x 件产品的成本为
$$C(x)=1\,500+100x-0.1x^2(元)$$
函数 $C(x)$ 称为成本函数，成本函数的导数 $C'(x)$ 在经济学中称为边际成本．试求：

(1) 当生产 100 件产品时的边际成本；

(2) 生产第 101 件产品的成本，并与 (1) 中求得的边际成本做比较，说明边际成本的实际意义．

4. 已知物体的运动规律为 $s=t+t^2$，求物体在 $t=2$ s 时的瞬时速度．

5. 设 $f'(0)$ 存在，且 $f(0)=0$，求 $\lim\limits_{x\to 0}\dfrac{f(x)}{x}$．

6. 根据导数的定义，求下列函数的导数：

(1) $y=\cos x$；   (2) $y=x^4$；   (3) $y=\dfrac{1}{x^2}$．

7. 求等边双曲线 $y=\dfrac{1}{x}$ 在点 $\left(\dfrac{1}{2},2\right)$ 处的切线的斜率，并写出在该点处的切线方程和法线方程．

8. 讨论 $f(x)=\begin{cases}x^2+1, & x\geq 0 \\ \mathrm{e}^x, & x<0\end{cases}$，在 $x=0$ 处的连续性与可导性．

§2.7 函数的求导法则

前面根据导数的定义，我们求出了一些简单函数的导数，对于一些复杂的函数，如果仍按导数的定义求导，不仅烦琐，有时甚至是不可能的．因此，本节中，将介绍求导数的几个基本法则及一些导数公式，借助这些法则和求导公式，将方便地求出一些函数的导数．

一、导数的四则运算法则

定理 3 设函数 $u=u(x)$ 和 $v=v(x)$ 在点 x 处都可导，则它们的和、差、积、商（分母不为零）构成的函数在点 x 处也都可导，且有以下法则：

(1) $[u(x)\pm v(x)]'=u'(x)\pm v'(x)$；

(2) $[u(x)\cdot v(x)]'=u'(x)v(x)+u(x)v'(x)$，

特别地，$(Cu)'=Cu'$（C 是常数）；

(3) $\left[\dfrac{u(x)}{v(x)}\right]'=\dfrac{u'(x)v(x)-u(x)v'(x)}{v^2(x)}$（$v(x)\neq 0$），

特别地，$\left[\dfrac{C}{v(x)}\right]'=\dfrac{-Cv'(x)}{v^2(x)}$（$v(x)\neq 0$）．

以上法则都可以用导数的定义和极限的运算法则来验证，请读者自行证明．法则 (1)、(2) 可推广到任意有限个可导函数的情形．

例9 已知 $f(x) = x^3 - \dfrac{3}{x^2} + 2x - \ln x$,求 $f'(x)$.

解
$$f'(x) = \left(x^3 - \dfrac{3}{x^2} + 2x - \ln x\right)'$$
$$= (x^3)' - \left(\dfrac{3}{x^2}\right)' + (2x)' - (\ln x)'$$
$$= 3x^2 + \dfrac{6}{x^3} + 2 - \dfrac{1}{x}$$

例10 已知 $f(x) = x^5 \sin x$,求 $f'(x)$.

解
$$f'(x) = (x^5)' \sin x + x^5 (\sin x)'$$
$$= 5x^4 \sin x + x^5 \cos x$$

例11 已知 $f(x) = \tan x$,求 $f'(x)$.

解
$$f'(x) = (\tan x)' = \left(\dfrac{\sin x}{\cos x}\right)' = \dfrac{(\sin x)' \cos x - \sin x (\cos x)'}{\cos^2 x}$$
$$= \dfrac{\cos x \cdot \cos x - \sin x (-\sin x)}{\cos^2 x} = \dfrac{1}{\cos^2 x} = \sec^2 x$$

即
$$(\tan x)' = \sec^2 x$$

类似地,可以求得
$$(\cot x)' = -\csc^2 x$$
$$(\sec x)' = \sec x \tan x$$
$$(\csc x)' = -\csc x \cot x$$

二、复合函数的求导法则

前面,利用导数的四则运算法则和求导公式,求出了大量简单函数的导数,那么,对于复合函数的导数应该怎样求呢? 关于此,我们有下面的法则.

定理4 若函数 $u = \varphi(x)$ 在 x 处可导,而函数 $y = f(u)$ 在 u 处可导,则复合函数 $y = f[\varphi(x)]$ 在 x 处可导,且有

$$\dfrac{dy}{dx} = \dfrac{dy}{du} \cdot \dfrac{du}{dx} \text{ 或 } y'_x = y'_u \cdot u'_x$$

证明从略.

上述定理表明,复合函数的导数等于函数对中间变量的导数乘以中间变量对自变量的导数,此定理称为复合函数求导的**链式法则**.

此法则还可以推广到有限多个中间变量的情形.

例12 求函数 $y = \sqrt{x^2 + 1}$ 的导数.

解 $y=\sqrt{x^2+1}$ 可看作由 $y=\sqrt{u}$，$u=x^2+1$ 复合而成.

因为
$$\frac{dy}{du}=\frac{1}{2\sqrt{u}},\ \frac{du}{dx}=2x$$

故
$$\frac{dy}{dx}=\frac{dy}{du}\cdot\frac{du}{dx}=\frac{1}{2\sqrt{u}}\cdot 2x=\frac{x}{\sqrt{x^2+1}}$$

注：复合函数求导运算熟练后，可不必再写出中间变量，而直接由外往里、逐层求导即可，但是一定要分清楚函数的复合过程.

例 13 求函数 $y=\tan x^2$ 的导数.

解
$$\frac{dy}{dx}=(\tan x^2)'=\sec^2 x^2\cdot(x^2)'=2x\sec^2 x^2.$$

例 14 某铁球受热后，以 4 cm³/s 的速度膨胀，当铁球的半径为 2 cm 时，求它的表面积增加的速度.

解 设铁球的体积为 $V=\frac{4}{3}\pi R^3$，球体的表面积为 $S=4\pi R^2$.

因为
$$\frac{dV}{dt}=4\pi R^2\frac{dR}{dt}$$

由
$$\frac{dV}{dt}=4,R=2$$

得
$$\frac{dR}{dt}=\frac{4}{4\pi 2^2}=\frac{1}{4\pi}$$

又
$$\frac{dS}{dt}=8\pi R\frac{dR}{dt}=8\pi\times 2\frac{1}{4\pi}=4(\text{cm}^2/\text{s})$$

故它的表面积以 4 cm²/s 的速度在增加.

三、反函数的求导法则

设函数 $x=\varphi(y)$ 在某一区间内是单调连续可导的，则它的反函数存在，且它的反函数 $y=f(x)$ 在对应区间内也是单调连续，然而 $y=f(x)$ 是否可导呢？如果可导，它们的导函数 $\varphi'(y)$ 和 $f'(x)$ 有什么关系呢？下面介绍反函数的求导法则.

定理 5 如果函数 $x=\varphi(y)$ 在某一区间内单调、可导，且 $\varphi'(y)\neq 0$，则它的反函数 $y=f(x)$ 在对应区间内单调、可导，且有

$$f'(x)=\frac{1}{\varphi'(y)}$$

也就是说，反函数的导数等于直接函数导数的倒数.

例 15 求函数 $y=a^x(a>0$ 且 $a\neq 1)$ 的导数.

解 对数函数 $x = \log_a y$ 在区间 $(0, +\infty)$ 内单调、可导，且

$$(\log_a y)' = \frac{1}{y \ln a} \neq 0$$

所以，它的反函数 $y = a^x$ 在对应区间 $(-\infty, +\infty)$ 内单调、可导，且

$$(a^x)' = \frac{1}{(\log_a y)'} = \frac{1}{\frac{1}{y \ln a}} = y \ln a = a^x \ln a$$

即

$$(a^x)' = a^x \ln a$$

特别地，当 $a = e$ 时，有 $(e^x)' = e^x$.

例 16 求函数 $y = \arcsin x \, (-1 < x < 1)$ 的导数.

解 函数 $x = \sin y$ 的反函数为 $y = \arcsin x \, (-1 < x < 1)$

因为 $x = \sin y$ 在区间 $\left(-\dfrac{\pi}{2}, \dfrac{\pi}{2}\right)$ 内单调、可导，且

$$(\sin y)' = \cos y > 0$$

所以，它的反函数 $y = \arcsin x$ 在对应区间 $(-1, 1)$ 内单调、可导，且

$$(\arcsin x)' = \frac{1}{(\sin y)'} = \frac{1}{\cos y}$$

而当 $y \in \left(-\dfrac{\pi}{2}, \dfrac{\pi}{2}\right)$ 时，$\cos y = \sqrt{1 - \sin^2 y} = \sqrt{1 - x^2}$，因此

$$(\arcsin x)' = \frac{1}{\sqrt{1 - x^2}}$$

类似地，可得

$$(\arccos x)' = -\frac{1}{\sqrt{1 - x^2}} \quad (-1 < x < 1)$$

$$(\arctan x)' = \frac{1}{1 + x^2}$$

$$(\text{arccot } x)' = -\frac{1}{1 + x^2}$$

四、基本初等函数的求导公式

基本初等函数的求导公式，在初等数学的求导运算中起着重要作用，为了方便查阅，把基本初等函数的求导公式归纳如下：

(1) $(C)' = 0$（C 为常数）；　　　　　　(2) $(x^n)' = n x^{n-1}$；

(3) $(a^x)' = a^x \ln a$（$a > 0, a \neq 1$）；　　(4) $(e^x)' = e^x$；

(5) $(\log_a x)' = \dfrac{1}{x \ln a}$ $(a>0, a \neq 1)$;　　(6) $(\ln x)' = \dfrac{1}{x}$;

(7) $(\sin x)' = \cos x$;　　(8) $(\cos x)' = -\sin x$;

(9) $(\tan x)' = \sec^2 x$;　　(10) $(\cot x)' = -\csc^2 x$;

(11) $(\sec x)' = \sec x \tan x$;　　(12) $(\csc x)' = -\csc x \cot x$;

(13) $(\arcsin x)' = \dfrac{1}{\sqrt{1-x^2}}$;　　(14) $(\arccos x)' = -\dfrac{1}{\sqrt{1-x^2}}$;

(15) $(\arctan x)' = \dfrac{1}{1+x^2}$;　　(16) $(\text{arccot } x)' = -\dfrac{1}{1+x^2}$.

习题 2-7

1. 选择题

(1) 已知 $y = \dfrac{\sin x}{x}$，则 $y' = ($ 　　).

A. $\dfrac{x\sin x - \cos x}{x^2}$　　B. $\dfrac{x\cos x - \sin x}{x^2}$　　C. $\dfrac{\sin x - x\sin x}{x^2}$　　D. $x^3 \cos x - x^2 \sin x$

(2) 已知 $y = \sec e^x$，则 $y' = ($ 　　).

A. $e^x \sec e^x \tan e^x$　　B. $\sec e^x \tan e^x$　　C. $\tan e^x$　　D. $e^x \cot e^x$

(3) 已知 $y = \tan x$，则 $y'|_{x=\frac{\pi}{4}} = ($ 　　).

A. 1　　B. 2　　C. $-1/2$　　D. -2

(4) 已知 $y = \dfrac{1-x}{1+x}$，则 $y' = ($ 　　).

A. $\dfrac{2}{(x+1)^2}$　　B. $\dfrac{-2}{(x+1)^2}$　　C. $\dfrac{2x}{(x+1)^2}$　　D. $\dfrac{-2x}{(x+1)^2}$

2. 求下列函数的导数：

(1) $y = \dfrac{1}{x} - \sqrt{x} - e^2$;　　(2) $y = e^x \cos x$;

(3) $y = \ln x \sin x + \cos 2$;　　(4) $y = \tan(\ln x)$;

(5) $y = \sqrt{3-4x^2}$;　　(6) $y = xe^x + 1$;

(7) $y = \log_2 x + 2^x$;　　(8) $y = e^{\sin x}$.

3. 加热一金属圆板，其半径以 0.01 cm/s 的速度均匀增加，问：当半径为 200 cm 时，圆板面积的增加速度为多少？

§2.8 高阶导数隐函数求导及参数方程求导

一、高阶导数

在变速直线运动中，位置函数 $s=s(t)$ 对时间 t 的导数是速度函数 $v=v(t)$，而 $v=v(t)$ 对 t 的导数就是加速度，即加速度是位置函数的导数的导数. 这种导数的导数称为 $s=s(t)$ 对时间 t 的二阶导数.

一般地，如果函数 $y=f(x)$ 的导数仍是 x 的可导函数，那么 $y'=f'(x)$ 的导数，就叫作原来的函数 $y=f(x)$ 的**二阶导数**，记作 $f''(x), y'', \dfrac{d^2 y}{dx^2}$ 或 $\dfrac{d^2 f(x)}{dx^2}$.

即

$$y'' = (y')' \text{ 或 } \dfrac{d^2 y}{dx^2} = \dfrac{d}{dx}\left(\dfrac{dy}{dx}\right)$$

类似地，二阶导数的导数叫**三阶导数**，三阶导数的导数叫**四阶导数**，$\cdots$，一般地，$n-1$ 阶导数的导数叫作 n **阶导数**，分别记作 $y''', y^{(4)}, \cdots, y^{(n)}$ 或 $\dfrac{d^3 y}{dx^3}, \dfrac{d^4 y}{dx^4}, \cdots, \dfrac{d^n y}{dx^n}$.

二阶以及二阶以上的导数统称为**高阶导数**.

由上述可知，求函数的高阶导数，只要逐阶求导，直到所要求的阶数即可，所以仍用前面的求导方法来计算高阶导数. 下面介绍几个初等函数的 n 阶导数.

例 17 已知 $y=x^\alpha (\alpha \in \mathbf{R})$，求 $y^{(n)}$.

解
$$y' = \alpha x^{\alpha-1}$$
$$y'' = \alpha \cdot (\alpha-1) \cdot x^{\alpha-2}$$
$$y''' = \alpha \cdot (\alpha-1) \cdot (\alpha-2) \cdot x^{\alpha-3}$$
$$y^{(4)} = \alpha \cdot (\alpha-1) \cdot (\alpha-2) \cdot (\alpha-3) \cdot x^{\alpha-4}$$

一般地
$$y^{(n)} = \alpha \cdot (\alpha-1) \cdot (\alpha-2) \cdot (\alpha-3) \cdots (\alpha-n+1) \cdot x^{\alpha-n}$$

例 18 已知 $y=\sin x$，求 $y^{(n)}$.

解
$$y' = \cos x = \sin\left(x+\dfrac{\pi}{2}\right)$$
$$y'' = -\sin x = \sin\left(x+2 \cdot \dfrac{\pi}{2}\right)$$
$$y''' = -\cos x = \sin\left(x+3 \cdot \dfrac{\pi}{2}\right)$$
$$y^{(4)} = \sin x = \sin\left(x+4 \cdot \dfrac{\pi}{2}\right)$$

一般地
$$y^{(n)} = \sin\left(x+n \cdot \dfrac{\pi}{2}\right)$$

类似地，可以求得

$$(\cos x)^{(n)} = \cos\left(x + n \cdot \frac{\pi}{2}\right)$$

二、隐函数的求导法则

前面所遇到的函数都是 $y=f(x)$ 的形式，这样的函数叫作**显函数**，如 $y=\sin 3x$、$y=\ln x - \tan x$ 等．有些函数的表达方式却不是这样，例如方程 $\cos(xy) + e^y = y^2$ 也表示一个函数，因为自变量 x 在某个定义域内取值时，变量 y 有唯一确定的值与之对应，这样由方程 $f(x,y)=0$ 的形式所确定的函数叫作**隐函数**．下面说明隐函数的求导方法．

例 19 求由方程 $x^3 + y^3 - 3 = 0$ 所确定的隐函数 $y=f(x)$ 的导数．

解 方程两边同时对 x 求导，注意 y 是 x 的函数，得
$$(x^3)' + (y^3)' - (3)' = 0$$
$$3x^2 + 3y^2 y' = 0$$

从中解出隐函数的导数为

$$y_x' = -\frac{x^2}{y^2} \quad (y^2 \neq 0)$$

注：(1) 方程两端同时对 x 求导，有时要把 y 当作 x 的复合函数的中间变量来看待，用复合函数的求导法则．(2) 从求导后的方程中解出 y' 来．

例 20 求函数 $y = x^{\sin x}(x>0)$ 的导数．

解 方程两端同时取对数，得

$$\ln y = \sin x \ln x$$

上式两边同时对 x 求导，得

$$\frac{1}{y} y' = \cos x \ln x + \sin x \cdot \frac{1}{x}$$

于是，得

$$y' = y\left(\cos x \ln x + \frac{\sin x}{x}\right) = x^{\sin x}\left(\cos x \ln x + \frac{\sin x}{x}\right)$$

注：(1) 形式为 $y = f(x)^{\varphi(x)}(f(x)>0)$ 的函数，既不是幂函数也不是指数函数，底数与指数均含有自变量 x，故称为**幂指函数**．

(2) 幂指函数尽管是显函数，但不易直接求导，本例的解法是，先在 $y=f(x)$ 的两边取对数，然后用隐函数的求导法则求出 y'．我们把这种方法称为**对数求导法**．

三、由参数方程所确定的函数的导数

设由参数方程 $\begin{cases} x = \varphi(t) \\ y = f(t) \end{cases}$，确定 y 与 x 之间的函数关系，若函数 $x = \varphi(t)$，$y = f(t)$ 都可导，且 $\varphi'(t) \neq 0$，$x = \varphi(t)$ 具有单调连续的反函数 $t = \varphi^{-1}(x)$，则由该参数方程所确定的函数可看作 $y = f(t)$，$t = \varphi^{-1}(x)$ 的复合函数．

由复合函数和反函数的求导法则得

$$\frac{dy}{dx} = \frac{dy}{dt} \cdot \frac{dt}{dx} = f'(t) \cdot \frac{1}{\frac{dx}{dt}} = \frac{f'(t)}{\varphi'(t)} = \frac{y'_t}{x'_t}$$

这就是由参数方程所确定的函数的导数公式.

例 21 设 $\begin{cases} x = \ln(1+t^2), \\ y = t - \arctan t, \end{cases}$ 求 $\frac{dy}{dx}$.

解
$$\frac{dy}{dx} = \frac{y'_t}{x'_t} = \frac{(t-\arctan t)'}{[\ln(1+t^2)]'} = \frac{1 - \frac{1}{1+t^2}}{\frac{2t}{1+t^2}} = \frac{t}{2}.$$

习题 2-8

1. 求下列函数的二阶导数:
   (1) $y = 2x^2 + \ln x$;   (2) $y = e^{2x-1}$.

2. 求下列函数的 n 阶导数:
   (1) $y = \ln(x+1)$;   (2) $y = xe^x$.

3. 已知物体的运动方程为
$$s(t) = t^3 - 4t^2 + 3t + 2$$
其中, 时间 t 的单位是 s; 路程 s 的单位是 m. 求物体在 3 s 时刻的速度和加速度.

4. 求由下列方程所确定的隐函数 y 的导数:
   (1) $2xy + e^x - e^y = 0$;   (2) $y\sin x + \cos(x-y) = 0$;
   (3) $y = 3 + xe^y$.

5. 求下列参数方程所确定的函数 y 的导数:
   (1) $\begin{cases} x = 3(1-\sin t), \\ y = 3(1-\cos t); \end{cases}$ (2) $\begin{cases} x = 2t^2, \\ y = 4t^3. \end{cases}$

§2.9 微分及其应用

在许多实际问题中, 我们需要计算当自变量有微小变化时, 函数取得相应的增量大小. 当函数较为复杂时, 函数的增量 Δy 的精确计算会相当麻烦, 这就需要寻求计算函数增量近似值的有效而简单的方法. 为此, 我们引入微分学中另一重要概念——微分.

一、微分的定义

引例: 一块正方形金属薄片受温度变化的影响, 其边长由 x_0 变到 $x_0 + \Delta x$, 问: 此薄片的面积改变了多少?

如图 2-6 所示，设正方形的边长为 x，面积为 S，则有 $S=x^2$. 因此，当薄片受温度变化的影响时，面积改变量可以看成当自变量 x 由 x_0 变到 $x_0+\Delta x$（$\Delta x \neq 0$）时，函数 $S=x^2$ 相应的改变量 ΔS. 即 $\Delta S=(x_0+\Delta x)^2-x_0^2=2x_0\Delta x+(\Delta x)^2$.

从上式可以看出，ΔS 由两部分构成：

（1）第一部分 $2x_0\Delta x$ 是 Δx 的线性函数；

（2）第二部分 $(\Delta x)^2$，当 $\Delta x \to 0$ 时，是比 Δx 高阶的无穷小.

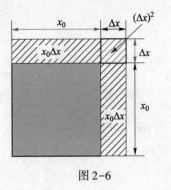

图 2-6

于是，当 $|\Delta x|$ 很小时，面积 S 的增量 ΔS，可以近似地用其线性主部 $2x_0\Delta x$ 来代替，即 $\Delta S \approx 2x_0\Delta x$.

这样的例子有很多，数学上，将具有上述特性的 Δx 的线性部分 $2x_0\Delta x$ 称为函数的微分. 定义如下：

定义 3 设函数 $y=f(x)$ 在点 x_0 的某邻域内有定义，如果函数的增量
$$\Delta y=f(x_0+\Delta x)-f(x_0)$$
可以表示为
$$\Delta y=A\Delta x+o(\Delta x)$$
其中，A 是不依赖于 Δx 的常数，而 $o(\Delta x)$ 是比 Δx 高阶的无穷小，则称函数 $y=f(x)$ 在 x_0 可微，且称 $A\Delta x$ 为函数 $y=f(x)$ 在点 x_0 相应于自变量增量 Δx 的**微分**，记作 $\mathrm{d}y$，即
$$\mathrm{d}y=A\Delta x$$

定义 4 如果函数 $y=f(x)$ 在某区间内每一点都可微，则称 $f(x)$ 是该区间内的可微函数. 函数 $f(x)$ 在任意点 x 的微分记为 $\mathrm{d}y$ 或 $\mathrm{d}f(x)$. 即 $\mathrm{d}y=f'(x)\Delta x$.

例如，$y=x^3$，则 $\mathrm{d}y=(x^3)'\Delta x=3x^2\Delta x$.

特别地，当 $y=x$ 时，因为 $\mathrm{d}y=\mathrm{d}x=(x)'\Delta x=\Delta x$，所以通常把自变量 x 的增量 Δx 称为**自变量的微分**，记作 $\mathrm{d}x$，即 $\mathrm{d}x=\Delta x$. 于是函数 $y=f(x)$ 的微分又可记作
$$\mathrm{d}y=f'(x)\mathrm{d}x$$

从而有
$$\frac{\mathrm{d}y}{\mathrm{d}x}=f'(x)$$

这就是说，函数的微分 $\mathrm{d}y$ 与自变量的微分 $\mathrm{d}x$ 之商等于该函数的导数. 因此，导数也叫作"微商".

下面讨论函数可微的条件.

定理 6 函数 $y=f(x)$ 在点 x 可微的充分必要条件是它在点 x 可导.

证明 设 $y=f(x)$ 在点 x 可微，那么有
$$\Delta y=A\Delta x+o(\Delta x)$$
在等式两边除以 Δx，得
$$\frac{\Delta y}{\Delta x}=A+\frac{o(\Delta x)}{\Delta x}$$

因此，极限

$$\lim_{\Delta x \to 0} \frac{\Delta y}{\Delta x} = \lim_{\Delta x \to 0} A + \lim_{\Delta x \to 0} \frac{o(\Delta x)}{\Delta x} = A + 0 = A$$

存在，即 $y=f(x)$ 在点 x 可导，且 $A=f'(x)$.

若函数 $f(x)$ 可导，则 $f'(x) = \lim\limits_{\Delta x \to 0} \dfrac{\Delta y}{\Delta x}$，根据极限与无穷小的关系，有 $\dfrac{\Delta y}{\Delta x} = f'(x) + \alpha$，其中当 $\Delta x \to 0$ 时，$\alpha \to 0$.

从而
$$\Delta y = f'(x)\Delta x + \alpha \Delta x$$

因为 $f'(x)$ 与 Δx 无关，$\alpha \Delta x$ 是比 Δx 高阶的无穷小，所以有
$$\Delta y = A\Delta x + o(\Delta x) \quad (\Delta x \to 0)$$

成立，即 $f(x)$ 在点 x 可微. 其微分可表示为 $\mathrm{d}y = f'(x)\Delta x$.

例 22 设函数 $y=x^2$，求当 $x=1$，$\Delta x=0.01$ 时，函数的增量 Δy 及 $\mathrm{d}y \big|_{\substack{x=1 \\ \Delta x=0.01}}$.

解
$$\Delta y = (1+0.01)^2 - 1^2 = 1.0201 - 1 = 0.0201$$
$$\mathrm{d}y \big|_{\substack{x=1 \\ \Delta x=0.01}} = 2x \cdot \Delta x \big|_{\substack{x=1 \\ \Delta x=0.01}} = 0.02$$

二、微分的几何意义

设点 $M(x_0, y_0)$ 和点 $N(x_0+\Delta x, y_0+\Delta y)$ 是曲线 $y=f(x)$ 上的两点，如图 2-7 所示. 从图中可以看出：
$$MQ = \Delta x, \quad QN = \Delta y$$
设切线 MT 的倾斜角为 α，则
$$\mathrm{d}y = f'(x_0)\Delta x = \tan \alpha \cdot \Delta x = QP$$
因此，函数 $y=f(x)$ 在点 x_0 处的微分 $\mathrm{d}y \big|_{x=x_0}$，在几何上表示曲线 $y=f(x)$ 在点 $M(x_0, y_0)$ 处的切线 MT 的纵坐标的增量.

当 $|\Delta x|$ 很小时，$|\Delta y - \mathrm{d}y|$ 比 $|\Delta x|$ 小得多. 因此在点 $M(x_0, y_0)$ 的邻近，我们可以用切线段来近似代替曲线段.

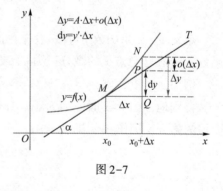

图 2-7

三、基本初等函数的微分公式与微分运算法则

由微分的定义 $\mathrm{d}y = f'(x)\mathrm{d}x$ 可以看出，要计算函数的微分，只要计算函数的导数，再乘以自变量的微分. 因此，利用函数求导的基本公式和运算法则，可得出求函数微分的基本公式和运算法则. 为使用方便，列出如下.

1. 基本初等函数的微分公式

(1) $\mathrm{d}C = 0 (C$ 为任意常数$)$；

(2) $\mathrm{d}(x^a) = a \cdot x^{a-1} \mathrm{d}x (a$ 为任意实数$)$；

(3) $\mathrm{d}(a^x) = a^x \cdot \ln a \mathrm{d}x (a>0$ 且 $a \neq 1)$； (4) $\mathrm{d}(\mathrm{e}^x) = \mathrm{e}^x \mathrm{d}x$；

(5) $d(\log_a x) = \dfrac{1}{x\ln a}dx \,(a>0 \text{ 且 } a\neq 1)$； (6) $d(\ln x) = \dfrac{1}{x}dx$；

(7) $d(\sin x) = \cos x\,dx$； (8) $d(\cos x) = -\sin x\,dx$；

(9) $d(\tan x) = \sec^2 x\,dx$； (10) $d(\cot x) = -\csc^2 x\,dx$；

(11) $d(\sec x) = \sec x\tan x\,dx$； (12) $d(\csc x) = -\csc x\cot x\,dx$；

(13) $d(\arcsin x) = \dfrac{1}{\sqrt{1-x^2}}dx$；

(14) $d(\arccos x) = -\dfrac{1}{\sqrt{1-x^2}}dx$； (15) $d(\arctan x) = \dfrac{1}{1+x^2}dx$；

(16) $d(\operatorname{arccot} x) = -\dfrac{1}{1+x^2}dx$.

2. 函数的和、差、积、商的微分法则

设函数 $u=u(x)$，$v=v(x)$ 在点 x 处可微，则

(1) $d(u\pm v) = du \pm dv$； (2) $d(C\cdot u) = C\cdot du$；

(3) $d(uv) = u\,dv + v\,du$； (4) $d\left(\dfrac{u}{v}\right) = \dfrac{v\,du - u\,dv}{v^2}$，$v\neq 0$.

例 23 求 $f(x) = x^3 e^x$ 的微分.

解法一 应用微分与导数的关系

因为 $\qquad f'(x) = 3x^2 e^x + x^3 e^x = x^2 e^x(3+x)$

所以 $\qquad dy = f'(x)dx = x^2 e^x(3+x)dx$

解法二 应用微分法则

$$dy = d(x^3 e^x) = e^x d(x^3) + x^3 d(e^x)$$
$$= 3x^2 e^x dx + x^3 e^x dx = x^2 e^x(3+x)dx$$

3. 复合函数的微分法则

设函数 $y=f(u)$，$u=\varphi(x)$ 分别关于 u 和 x 可导，则由复合函数的求导法则可知

$$y'_x = y'_u \cdot u'_x = f'(u)\cdot \varphi'(x)$$

于是，根据微分的定义

$$dy = y'_x dx = f'(u)\cdot \varphi'(x)dx$$

由于 $\qquad du = \varphi'(x)dx$

因此 $\qquad dy = f'(u)du$ 或 $dy = y'_u du$

注：由此可见，不管自变量 u 是自变量还是中间变量，微分的形式 $dy=f'(u)du$ 总保持不变，我们称此性质为**一阶微分形式的不变性**.

例 24 求 $y = \cos(3x+5)$ 的微分.

解法一 $\qquad dy = [\cos(3x+5)]'dx$

$$= -\sin(3x+5)(3x+5)' dx$$
$$= -3\sin(3x+5) dx$$

解法二
$$dy = d\cos(3x+5)$$
$$= -\sin(3x+5) d(3x+5)$$
$$= -3\sin(3x+5) dx$$

例 25 求 $y = \ln(1+e^{2x})$ 的微分.

解 $dy = d\ln(1+e^{2x}) = \dfrac{1}{1+e^{2x}} d(1+e^{2x}) = \dfrac{2e^{2x}}{1+e^{2x}} dx.$

例 26 在下列等式左边的括号中填入适当的函数,使等式成立.

(1) d( ) $= x^2 dx$;   (2) d( ) $= \cos 5t dt$.

解 (1) 由于 $d(x^3) = 3x^2 dx$, 因此
$$x^2 dx = \frac{1}{3} d(x^3) = d\left(\frac{x^3}{3}\right)$$

于是
$$d\left(\frac{x^3}{3} + C\right) = x^2 dx \quad (C\ 为任意常数)$$

(2) 由于 $d(\sin 5t) = 5\cos 5t dt$, 因此
$$\cos 5t dt = \frac{1}{5} d(\sin 5t) = d\left(\frac{1}{5}\sin 5t\right)$$

于是
$$d\left(\frac{1}{5}\sin 5t + C\right) = \cos 5t dt \quad (C\ 为任意常数)$$

四、微分在近似计算中的应用

设函数 $y = f(x)$ 在点 x_0 处可微. 则根据微分的定义, 当 $|\Delta x|$ 很小时, 有近似公式
$$\Delta y = f(x_0 + \Delta x) - f(x_0) \approx f'(x_0) \Delta x \tag{1}$$

或
$$f(x_0 + \Delta x) \approx f(x_0) + f'(x_0) \Delta x \tag{2}$$

式 (2) 中令 $x_0 + \Delta x = x$, 则
$$f(x) \approx f(x_0) + f'(x_0)(x - x_0) \tag{3}$$

特别地, 当 $x_0 = 0$ 时, 有
$$f(x) \approx f(0) + f'(0) x \tag{4}$$

由此, 近似公式 (1) 通常用来计算函数的改变量 Δy 的近似值, 常用于误差估计; 式 (2)、式 (3) 常用于计算函数 $y = f(x)$ 在点 x_0 附近的近似值 $f(x_0 + \Delta x)$; 式 (4) 常用于推导一些常用的近似公式. 下面我们就分别来介绍近似公式的应用.

1. 建立近似公式

假定 $|x|$ 是很小的数值,有

(1) $\sqrt[n]{1+x} \approx 1+\dfrac{1}{n}x$;

(2) $\sin x \approx x$(x 用弧度作单位);

(3) $\tan x \approx x$(x 用弧度作单位);

(4) $e^x \approx 1+x$;

(5) $\ln(1+x) \approx x$.

2. 作近似计算

例 27 计算 $\sqrt{1.05}$ 的近似值.

解 已知 $\sqrt[n]{1+x} \approx 1+\dfrac{1}{n}x$,故

$$\sqrt{1.05} = \sqrt{1+0.05} \approx 1+\dfrac{1}{2}\times 0.05 = 1.025$$

直接开方的结果是 $\sqrt{1.05} = 1.02470$.

例 28 水管壁的横截面是一个圆环,其内半径是 10 cm,环宽是 0.1 cm,求横截面的圆环面积的精确值和近似值.

解 圆的面积为 $S = \pi r^2$,则截面圆环的面积的精确值为

$$\Delta S = \pi(10+0.1)^2 - \pi(10)^2 = 2.01\pi(\text{cm}^2)$$

近似值为

$$\Delta S \approx dS = S'\Delta r = 2\pi r \cdot \Delta r = 2\pi \times 10 \times 0.1 = 2\pi(\text{cm}^2)$$

课程思政:

通过本节的学习,同学们能够对前面的三个问题做出正确的回答. 事实胜于雄辩,学好科学文化知识,不仅可以提高文化素养,也能提高认识世界和改造世界的能力. 当前,大家正处于学知识、长本领的黄金时期,同学们应当把握好大学时光,努力学习,刻苦钻研,着力提高服务社会的本领,让人生绽放异彩.

习题 2-9

1. 求下列函数的微分:

(1) $y = 3x - \cos x$;

(2) $y = \ln(\tan x)$;

(3) $y = \dfrac{1}{3}\arctan x$;

(4) $y = e^x \sin x$;

(5) $y = \arcsin(1-x^2)$;

(6) $y = \ln^2(1+x)$.

2. 将适当的函数填入下列括号内,使等式成立:

(1) $d(\quad) = -5dx$;

(2) $d(\quad) = 3x dx$;

(3) d(　　) = e^{-2x}dx； (4) d(　　) = $\frac{1}{x}$dx；

(5) d(　　) = $\frac{3}{1+x^2}$dx； (6) d(　　) = $\frac{1}{\sqrt{x}}$dx．

3. 设 $y = x^2 + 3x$，求在 $x = 3$ 处，当 Δx 分别等于 1，0.1，0.01 时的 Δy 及 dy．

4. 利用微分计算 $\sqrt[5]{1.002}$ 的近似值．

5. 一个正立方体的容器，棱长为 10 m，如果棱长增加 0.01 m，求容器体积增加的精确值和近似值．

§2.10　导数的应用

一、函数的单调性

函数的单调性是函数的重要形态之一，是研究函数作图时必须考虑的一个要素．在初等数学里，我们判断函数的单调性主要依据单调性的定义，但是，这种方法只能适用于一些简单的函数，因此，具有较大的局限性．下面介绍具有一般性的判定方法．

定理 1　设函数 $y = f(x)$ 在 $[a, b]$ 上连续，在 (a, b) 内可导．

(1) 若在 (a, b) 内 $f'(x) > 0$，则函数 $y = f(x)$ 在 $[a, b]$ 上单调增加；

(2) 若在 (a, b) 内 $f'(x) < 0$，则函数 $y = f(x)$ 在 $[a, b]$ 上单调减少．

证明　(略)．

定理 29　讨论函数 $y = e^x - x - 1$ 的单调性．

解　函数的定义域 $D = (-\infty, +\infty)$，

又

$$y' = e^x - 1,$$

因为，在 $(-\infty, 0)$ 内，$y' < 0$，在 $(0, +\infty)$ 内，$y' > 0$，

所以，函数在 $(0, +\infty)$ 内单调增加；在 $(-\infty, 0)$ 内单调减少．

从本例看出，$x = 0$ 是该函数单调区间的分界点，在该点处，$y' = 0$．

定义　使 $f'(x) = 0$ 的点 x_0 叫作函数 $f(x)$ 的驻点．

所以，求函数的单调区间，首先要求出函数的驻点．但并非所有的驻点都是函数单调区间的分界点．如 $x = 0$ 是函数 $y = x^3$ 的驻点，但并非函数单调区间的分界点．因此，对于求出的驻点，还要进一步判断．

例 30　讨论函数 $y = \sqrt[3]{x^2}$ 的单调性．

解　函数的定义域 $D = (-\infty, +\infty)$，

当 $x \neq 0$ 时，$y' = \frac{2}{3\sqrt[3]{x}}$；当 $x = 0$ 时，函数的导数不存在．

因为，在 $(-\infty, 0)$ 内，$y' < 0$；在 $(0, +\infty)$ 内，$y' > 0$，所以，函数在 $(-\infty, 0)$ 内单调减少，在 $(0, +\infty)$ 内单调增加．

从本例看出，函数的不可导点也可能是函数单调区间的分界点．因此，在求函数的单调区间时，也应把函数的不可导点一并求出．

归纳前面的例子，可以得到求函数 $f(x)$ 单调区间的步骤如下：

(1) 写出函数 $f(x)$ 的定义域；

(2) 求 $f'(x)$，并令 $f'(x)=0$，求出驻点和不可导点；

(3) 将上述各点按照从小到大的顺序插入定义域，使之分成若干个小区间，列表讨论；

(4) 根据表中讨论情况，作出明确回答．

解31 求函数 $f(x)=2x^3+3x^2-12x+4$ 的单调区间．

解 $f(x)$ 的定义域 $D=(-\infty,+\infty)$，

$f'(x)=6x^2+6x-12=6(x+2)(x-1)$，

令 $f'(x)=0$，求得驻点：$x_1=-2$，$x_2=1$．

列表讨论

x	$(-\infty,-2)$	$(-2,1)$	$(1,+\infty)$
$f'(x)$	+	−	+
$f(x)$	单调增加	单调减少	单调增加

所以，$f(x)$ 在区间 $(-\infty,-2)$、$(1,+\infty)$ 内单调增加，在区间 $(-2,1)$ 内单调减少．

二、函数的极值

从图 2-8 可以看出，点 x_1,x_2,x_3,x_4 是函数 $y=f(x)$ 单调区间的分界点．以 x_1 为例，在 x_1 左侧邻近，函数 $f(x)$ 是单调增加的，在 x_1 右侧邻近，函数 $f(x)$ 是单调减少的．因此，存在的 x_1 一个去心邻域 I_1，使得对于 I_1 的任何点 x，都有 $f(x)<f(x_1)$．类似的，对于点 x_2，存在 x_2 一个去心邻域，使得对于该去心邻域内的任何点 x，都有 $f(x)>f(x_2)$．具有这种性质的点在应用中有着重要的意义，值得我们作一般性的讨论．

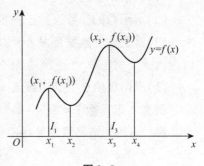

图 2-8

定义 1 设 $f(x)$ 在 x_0 的某邻域 $U(x_0)$ 内有定义，若对任意 $x\in \overset{\circ}{U}(x_0)$，有 $f(x)<f(x_0)(f(x)>f(x_0))$，则称 $f(x)$ 在点 x_0 处取得极大值(极小值)$f(x_0)$，x_0 称为极大值点(极小值点)．

极大值和极小值统称为极值，极大值点和极小值点统称为极值点．

一般来说，函数的极值往往有很多，在个别情况下，函数在某点的极大值可能会比另一点的极小值还要小！所以，从这一点来看，极值是一个局部性的概念，注意它与最值的区别．

下面我们研究：函数究竟在哪些点取得极值呢？从图 2-8 可以看出，在函数取得极值处，曲线的切线是水平的，如果函数在该极值点可导，那么根据导数的几何意义，在极值点

处，函数的导数一定等于零. 于是，我们有下面的定理.

定理 2 （必要条件）设函数 $f(x)$ 在某区间 I 内有定义，若 $f(x)$ 在该区间内的点 x_0 处取得极值，且 $f'(x_0)$ 存在，则必有 $f'(x_0) = 0$.

证明 （略）.

定理 2 告诉我们：可导函数的极值点一定是驻点. 但其逆命题不成立. 例如，$x = 0$ 是 $f(x) = x^3$ 的驻点，但不是 $f(x)$ 的极值点. 另外，连续函数在不可导点处也可能取得极值. 例如函数 $y = |x|$ 在 $x = 0$ 处取得极小值，但函数在 $x = 0$ 处不可导. 因此，对于连续函数来说，驻点和不可导点均有可能是极值点. 因此，要求函数的极值，必须首先求出函数的驻点和不可导点. 那么，对于求出的驻点和不可导点，如何判别它们是否为极值点呢？对此，我们有以下判别方法.

定理 3（充分条件） 设函数 $f(x)$ 在点 x_0 处连续，并且在 x_0 的某个去心邻域 $U(x_0, \delta)$ 内可导.

(1) 如果在 $U(x_0, \delta)$ 内，当 $x < x_0$ 时, $f'(x) > 0$；而当 $x > x_0$ 时，有 $f'(x) < 0$，则 $f(x)$ 在 x_0 取极大值，$f(x_0)$ 是 $f(x)$ 的极大值.

(2) 如果在 $U(x_0, \delta)$ 内，当 $x < x_0$ 时, $f'(x) < 0$；而当 $x > x_0$ 时，有 $f'(x) > 0$，则 $f(x)$ 在 x_0 取极小值，$f(x_0)$ 是 $f(x)$ 的极小值.

(3) 若 $f'(x)$ 在 x_0 的左右两侧同号，则 $f(x)$ 在 x_0 处不取极值.

根据前面的讨论以及极值存在的必要和充分条件，可将求极值的步骤归纳如下：

求函数极值的一般步骤：

(1) 确定函数的定义域；

(2) 求函数的导数，并进一步求出函数所有的驻点以及不可导点；

(3) 将上述各点按照从小到大的顺序插入函数定义域，使之分成若干个小区间，列表讨论；

(4) 求出极值点处的函数值.

例 32 求函数 $y = 2x^3 - 6x^2 - 18x + 1$ 的极值.

解 函数的定义域是 $(-\infty, +\infty)$，又

$$f'(x) = 6x^2 - 12x - 18 = 6(x - 3)(x + 1),$$

由 $f'(x) = 0$ 得驻点 $x = -1$ 和 $x = 3$.

列表：

x	$(-\infty, -1)$	-1	$(-1, 3)$	3	$(3, +\infty)$
y'	+	0	−	0	+
y	↗	极大	↘	极小	↗

所以，函数的极大值为 $f(-1) = 11$，极小值为 $f(3) = -53$.

三、最大值和最小值的问题

假设函数 $f(x)$ 在闭区间 $[a,b]$ 上连续,在开区间 (a,b) 内只有有限个不可导点和驻点. 下面讨论函数 $f(x)$ 在闭区间 $[a,b]$ 上最大值和最小值的求法. 我们知道,闭区间上的连续函数一定有最大值和最小值存在. 那么它的最大值和最小值究竟在哪一点取得呢? 很显然,最大值(或最小值) $f(x_0)$ 要么在区间的两个端点上取得,要么在开区间 (a,b) 内部取得. 如果 $f(x_0)$ 在开区间 (a,b) 内部 x_0 点取得,那么 x_0 必是极大值点(或极小值点),从而 x_0 必是函数的驻点或不可导点. 因此,求连续函数 $f(x)$ 在闭区间 $[a,b]$ 上最大值与最小值可按下面步骤进行:

(1) 求出函数 $f(x)$ 在开区间 (a,b) 内的所有驻点和不可导点;

(2) 计算函数 $f(x)$ 在上述各点以及闭区间各端点的函数值;

(3) 比较上述函数值的大小,其中最大的便是函数 $f(x)$ 在闭区间 $[a,b]$ 上的最大值,最小的便是函数 $f(x)$ 在闭区间 $[a,b]$ 上的最小值.

例 33 求函数 $f(x) = 2x^3 - 3x^2$ 在区间 $[-1, 4]$ 上的最大值和最小值.

解 $f'(x) = 6x^2 - 6x = 6x(x-1)$,

令 $f'(x) = 0$,得驻点 $x = 0, x = 1$.

计算 $f(-1) = -5, f(0) = 0, f(1) = -1, f(4) = 80$.

比较以上各点处的函数值得到,$f(x)$ 在区间 $[-1, 4]$ 上的最大值是 $f(4) = 80$,最小值是 $f(-1) = -5$.

特殊情况,若连续函数 $f(x)$ 在某个区间 I(有限或无限,开或闭)上只有一个极值点 x_0. 那么当 x_0 为极大值点时,$f(x_0)$ 就是函数 $f(x)$ 在区间 I 上的最大值;当 x_0 为极小值点时,$f(x_0)$ 就是函数 $f(x)$ 在区间 I 上的最小值.

例 34 求函数 $f(x) = x^2 - \dfrac{54}{x}$ 在 $(-\infty, 0)$ 内的最小值.

解 $f'(x) = 2x + \dfrac{54}{x^2} = \dfrac{2(x^3 + 27)}{x^2}$,令 $f'(x) = 0$,得驻点 $x = -3$.

因为,当 $x < -3$ 时,$f'(x) < 0$;当 $x > -3$ 时,$f'(x) > 0$.

所以,$x = -3$ 是函数 $f(x)$ 的极小值点,又因为 $x = -3$ 是函数 $f(x)$ 在 $(-\infty, 0)$ 内唯一的极值点,所以,$x = -3$ 是函数 $f(x)$ 在 $(-\infty, 0)$ 内的最小值点,最小值为 $f(-3) = 27$.

例 35 设工厂 A 到铁路线的垂直距离为 20 km,垂足为 B. 铁路线上距离 B 点 100 km 处有一原料供应站 C,如图 2-9 所示. 为了运输需要,现在要在铁路线 B、C 之间选定一点 D 向工厂 A 修筑一条公路. 如果已知每千米的铁路运费与公路运费之比为 3∶5,那么,D 应选在何处,才能使原料供应站 C 运货到工厂 A 所需运费最省?

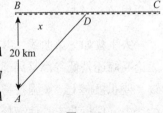

图 2-9

解 设 $BD = x$ (km),则 $CD = 100 - x$ (km),$AD = \sqrt{20^2 + x^2}$. 又设铁路每公里运费 $3k$,公路每公里运费 $5k$,从 C 到 A 的总运费为 y,那么

即
$$y = 5k \cdot AD + 3k \cdot CD$$
$$y = 5k \cdot \sqrt{400 + x^2} + 3k(100 - x) \quad (0 \leqslant x \leqslant 100)$$

现在，问题归结为求函数 y 在区间 $[0, 100]$ 上的最小值．

求导得，$y' = k\left(\dfrac{5x}{\sqrt{400 + x^2}} - 3\right)$，令 $y' = 0$ 得 $x = 15(\text{km})$．

由于 $y(0) = 400k$，$y(15) = 380k$，$y(100) = 100\sqrt{26}\,k$．因此，当 $BD = 15(\text{km})$ 时，总运费最省．

在实际问题中，如果所求问题存在最值，而函数在其定义域内只有一个驻点，则驻点处的函数值就是该函数的最值．

例36 已知生产某种产品 x 个单位的总成本为 $C(x) = 200 + 5x$（元），总收入为 $R(x) = 10x - 0.01x^2$（元）．求使利润最大时的产量及最大利润．

解 总利润 $L =$ 总收入 $R -$ 总成本 C，

所以，$L(x) = (10x - 0.01x^2) - (200 + 5x) = 5x - 0.01x^2 - 200$，

求导，$L'(x) = 5 - 0.02x$，令 $L'(x) = 0$，解得 $x = 250$，又 $L(250) = 425$（元）．

由于驻点唯一，$L(x)$ 存在最大值，因此，当产量 $x = 250$ 时，利润最大，最大利润为 $L(250) = 425$（元）．

例37 已知某厂生产 q 个单位产品的总成本函数是 $C(q) = q^3 - 10q^2 + 50q$．问：

(1) 当产品产量 q 等于多少时，平均成本 $\overline{C}(q)$ 最小？

(2) 求最小平均成本以及相应的边际成本．

解 (1) 因为 $\overline{C}(q) = \dfrac{q^3 - 10q^2 + 50q}{q} = q^2 - 10q + 50$，

所以 $\overline{C}'(q) = 2q - 10$，令 $\overline{C}'(q) = 0$，解得 $q = 5$．

由于 $q = 5$ 是 $\overline{C}(q)$ 唯一驻点，而 $\overline{C}(q)$ 的最小值存在，因此，当 $q = 5$ 时，平均成本 $\overline{C}(q)$ 为最小．

(2) $\overline{C}_{\min}(5) = 5^2 - 10 \times 5 + 50 = 25$；又 $C'(q) = 3q^2 - 20q + 50$，所以，$C'(5) = 3 \times 5^2 - 20 \times 5 + 50 = 50$．

课程思政：

人生犹如一条曲线，并不总是单调乏味的！而是有起有伏；有高峰，也有低谷．但是，无论高峰还是低谷都是局部性的，一纵即逝．所以，在遇到人生低谷时，不要悲观，不要气馁，要积极向上，顽强拼搏，争取早日走出低谷；在到达人生高峰时，也不要张扬，应该继续努力，保持斗志，使高峰期持续得更长久，使人生更辉煌．

习题 2-10

1. 求下列函数的单调区间：
   (1) $y = 2x^3 + 3x^2 - 12x + 7$；
   (2) $y = x - e^x$；
   (3) $y = 2x^2 - \ln x$；
   (4) $y = (x-1)x^{\frac{2}{3}}$。

2. 求下列函数的极值：
   (1) $y = \frac{1}{3}x^3 - x^2 - 3x$；
   (2) $y = x - \ln x$；
   (3) $y = 3 - 2(x+1)^{\frac{1}{3}}$；
   (4) $y = (x-1)^5(x-2)^4$。

3. 若函数 $y = ax^2 + bx$ 在 $x = 1$ 处取得极大值 2，求 a, b 的值。

4. 求下列函数的最大值和最小值：
   (1) $y = x^2 - 4x + 3$，$-3 \leq x \leq 10$；
   (2) $y = 2x^3 - 3x^2 + 1$，$-1 \leq x \leq 4$；
   (3) $y = x + \sqrt{1-x}$，$-5 \leq x \leq 1$；
   (4) $y = \ln(x^2 + 1)$，$-1 \leq x \leq 2$。

5. 问：函数 $y = \frac{x}{x^2 + 1}$ $(x \geq 0)$ 在何处取得最大值？

6. 某车间靠墙壁要盖一间长方形小屋，现有存砖只够砌 20 m 长的墙壁。问：应围成怎样的长方形才能使这间小屋的面积最大？

7. 有一个边长为 48 cm 的正方形铁皮，每个角去掉一个边长为 x cm 的小正方形，问：x 多大时，才能使剩下的铁皮折成无盖的方盒容积最大？

8. 某商品的总成本函数为 $C = 1\,000 + 3Q$，需求函数 $Q = -100P + 1\,000$，其中 P 为商品单价，求能使利润最大的 P 值。

9. 已知某厂每天生产某种产品 Q 单位时，总成本函数为 $C(Q) = 0.5Q^2 + 36Q + 9\,800$，问：每天生产多少产品时，其平均成本最低？

10. 已知某厂每天生产某种产品 Q 单位时，其销售收入为 $R(Q) = 8\sqrt{Q}$，成本函数为 $C(Q) = \frac{1}{4}Q^2 + 1$，求使利润达到最大时的产量。

§2.11 石油消耗量问题

一、石油危机

石油是国家的能源支柱，是国家经济活动的血液，是社会发展与进步的保障。在全球经济高速发展的今天，世界各国对石油的需求量越来越大。但是，全球石油存量却是一个有限值，根据经济学家及科学家的估计，到 2050 年左右，石油资源将开采殆尽。面对严峻的能源短缺形势，目前人们正在积极寻找新的替代能源，这是一项复杂、艰巨而又漫长的工作。在新能源体系尚未建立之前，在不远的将来，能源危机将席卷全球，势必造成工、农业生产大幅萎缩，经济活动日渐萧条，人民生活水平严重倒退．为防止本国经济危机的发生，不排除某些军事强国为了抢占剩余石油资源而发动战争，结局难以想象．现在，我们要做的工作是：管理好和利用好石油资源，这就需要我们对过去历年石油的消耗量进行统计．

二、原函数与不定积分的概念

现在我们提出这么一个问题：试计算从 2010 年到 2019 年，全球石油消耗总量．

有人会认为这个问题不难，查阅统计资料，直接把每年的消耗数据相加即可．但是，如果某年或某些年的数据未知，此时又怎么办？对于此种情况，我们必须从量的方面进行分析．在这段时间里，假设在 t 时，石油的消耗量为 $Q=Q(t)$．通过查阅统计资料，可以确定出石油的消耗率，它是时间 t 的函数，记为 $f(t)$．在这里，如果能找出消耗量 $Q(t)$ 与时间 t 的函数关系，那么我们的问题就迎刃而解了．

由导数的定义知，$\dfrac{\mathrm{d}Q}{\mathrm{d}t}$ 表示石油的消耗率，因此

$$\frac{\mathrm{d}Q}{\mathrm{d}t}=f(t)$$

即消耗量 $Q(t)$ 的导数等于消耗率 $f(t)$．下面我们探讨满足上述关系的 $Q(t)$ 的一般求法．在这里，把具有这种关系的函数 $Q(t)$ 叫作函数 $f(t)$ 的一个原函数，定义如下：

定义 1 设函数 $f(x)$ 在区间 I 上有定义，如果存在函数 $F(x)$，使得对任意 $x \in I$，都有

$$F'(x)=f(x) \text{ 或 } \mathrm{d}F(x)=f(x)\mathrm{d}x$$

则称 $F(x)$ 是 $f(x)$ 的一个原函数．

例如，因为 $(2^x)'=2^x \ln 2$，故 2^x 是 $2^x \ln 2$ 的一个原函数．

关于原函数，我们首先要问：是不是所有的函数 $f(x)$ 都有原函数呢？关于此，我们有下面结论．

定理 1（原函数存在定理） 如果函数 $f(x)$ 在区间 I 上连续，则 $f(x)$ 在该区间上的原函数必存在．

其次，我们要问：如果一个函数有原函数，那么它有多少个原函数？

事实上，设 $F(x)$ 是 $f(x)$ 的一个原函数，C 为任意的常数，因为

$$[F(x)+C]'=f(x)$$

所以 $F(x)+C$ 都是 $f(x)$ 的原函数．这说明，如果 $f(x)$ 有一个原函数，那么它便有无穷多个原函数．

最后，我们要问：函数 $f(x)$ 除了 $F(x)+C$ 这样的原函数外，还有没有其他原函数存在？回答是否定的．证明如下：

假设 $G(x)$ 也是 $f(x)$ 的一个原函数，则 $G'(x)=f(x)$．于是

$$[G(x)-F(x)]'=G'(x)-F'(x)=f(x)-f(x)=0$$

故

$$G(x)-F(x)=C_0$$

所以
$$G(x) = F(x) + C_0$$

上式表明，$F(x)+C$ 表示函数 $f(x)$ 的全部原函数. $f(x)$ 的全部原函数 $F(x)+C$ 叫作函数 $f(x)$ 的不定积分，定义如下：

定义 2 在区间 I 内，若 $F(x)$ 是 $f(x)$ 的一个原函数，则 $f(x)$ 的全部原函数 $F(x)+C$ 称为 $f(x)$ 在区间 I 内的不定积分，记为 $\int f(x)\mathrm{d}x$，即

$$\int f(x)\mathrm{d}x = F(x) + C$$

其中，"$\int$" 称为积分号；$f(x)$ 称为被积函数；$f(x)\mathrm{d}x$ 称为被积表达式；x 称为积分变量.

例 1 求 $\int x^5 \mathrm{d}x$.

解 由于 $\left(\dfrac{1}{6}x^6\right)' = x^5$，因此 $\dfrac{1}{6}x^6$ 是 x^5 的一个原函数，因此

$$\int x^5 \mathrm{d}x = \frac{1}{6}x^6 + C$$

例 2 求 $\int \dfrac{1}{1+x^2}\mathrm{d}x$.

解 因为 $(\arctan x)' = \dfrac{1}{1+x^2}$，所以

$$\int \frac{1}{1+x^2}\mathrm{d}x = \arctan x + C$$

三、基本积分表

由于不定积分是求导（或微分）的逆运算，因此根据导数的基本公式，可得相应的积分公式.

(1) $\int k\mathrm{d}x = kx + C$（$k$ 为常数）；

(2) $\int x^\alpha \mathrm{d}x = \dfrac{x^{\alpha+1}}{\alpha+1} + C$ （$\alpha \neq -1$）；

(3) $\int \dfrac{1}{x}\mathrm{d}x = \ln|x| + C$；

(4) $\int a^x \mathrm{d}x = \dfrac{a^x}{\ln a} + C$（$a > 0$，且 $a \neq 1$）；

(5) $\int e^x \mathrm{d}x = e^x + C$；

(6) $\int \cos x \mathrm{d}x = \sin x + C$；

(7) $\int \sin x \mathrm{d}x = -\cos x + C$.

以上七个公式是求不定积分的基础，必须牢记.

四、不定积分的性质

性质 1 微分运算和积分运算互为逆运算.

(1) $\left[\int f(x)\,dx\right]' = f(x)$ 或 $d\left[\int f(x)\,dx\right] = f(x)\,dx$；

(2) $\int F'(x)\,dx = F(x) + C$ 或 $\int dF(x) = F(x) + C$.

性质 2 两个函数代数和的积分，等于这两个函数积分的代数和.

$$\int [f(x) \pm g(x)]\,dx = \int f(x)\,dx \pm \int g(x)\,dx$$

性质 3 被积函数中的非零常数因子可提到积分号前.

$$\int kf(x)\,dx = k\int f(x)\,dx \quad (k \text{ 是常数}, k \neq 0)$$

下面举几个利用基本积分表和不定积分性质求不定积分的例子.

例 3 求不定积分 $\int \left(\dfrac{1}{x^3} - 3\cos x + \dfrac{1}{x}\right)dx$.

解
$$\int \left(\frac{1}{x^3} - 3\cos x + \frac{1}{x}\right)dx = \int \frac{1}{x^3}dx - \int 3\cos x\,dx + \int \frac{1}{x}dx$$
$$= \int x^{-3}dx - 3\int \cos x\,dx + \int \frac{1}{x}dx$$
$$= -\frac{1}{2}x^{-2} - 3\sin x + \ln|x| + C$$

例 4 求不定积分 $\int 3^x e^x\,dx$.

解
$$\int 3^x e^x\,dx = \int (3e)^x\,dx = \frac{(3e)^x}{\ln(3e)} + C = \frac{3^x e^x}{1 + \ln 3} + C$$

例 5 求不定积分 $\int \dfrac{(x-1)^2}{x}dx$.

解
$$\int \frac{(x-1)^2}{x}dx = \int \frac{x^2 - 2x + 1}{x}dx = \int \left(x - 2 + \frac{1}{x}\right)dx$$
$$= \int x\,dx - 2\int dx + \int \frac{1}{x}dx = \frac{1}{2}x^2 - 2x + \ln|x| + C$$

例 6 设曲线经过点 (1, 2)，其上任何一点处的切线斜率等于该点横坐标的两倍，求此曲线方程.

解 设所求曲线方程为 $y = f(x)$，依题意

$$\frac{dy}{dx} = 2x$$

即函数 $f(x)$ 是 $2x$ 的一个原函数,因为 $f(x)$ 的所有原函数为

$$y = \int 2x \, dx = x^2 + C$$

即

$$y = x^2 + C$$

因所求曲线经过点 $(1,2)$,故

$$2 = 1 + C, \quad C = 1$$

于是,所求曲线方程为

$$y = x^2 + 1$$

例7 一物体由静止开始运动,经 t 秒后的速度是 $3t^2 (\text{m/s})$,问:

(1) 在 3 s 后物体离出发点的距离是多少?

(2) 走完 1 000 m 需要多少时间?

解 设物体的运动规律为 $s = s(t)$,依题意

$$\frac{ds}{dt} = 3t^2$$

所以

$$s = \int 3t^2 \, dx = t^3 + C$$

即

$$s = t^3 + C$$

将 $t = 0$,$s = 0$ 代入上式得 $C = 0$,于是,物体的运动规律为

$$s = t^3$$

(1) 在 3 s 后物体离出发点的距离是

$$s(3) = 3^3 = 27 (\text{m})$$

(2) 令

$$s = t^3 = 1\,000$$

得

$$t = 10 (\text{s})$$

即物体走完 1 000 m 需要 10 s 时间.

例6、例7 表明:利用不定积分知识确实能够解决一些实际问题,但是,这需要我们掌握必要的不定积分的积分方法. 另外,不定积分的计算比较灵活,需要大家多看多练.

课程思政:

石油消耗是一个世界性的问题,应该引起大家的关注. 尤其在当前面临石油将要消耗殆尽和欧美等国对我国使用石油采取围堵、打压等不利形势下,我国在石油开采和石油进口方面势必面临较大的困难,对此,我们应有心理准备. 在新能源体系建立之前,一方面,我们

要同欧美一些老牌帝国主义做坚决的斗争，争取我国合理使用石油资源的权利；另一方面，我们应该崇尚厉行节约的精神，合理使用现有的石油资源.

习题 2-11

1. 设 x^3 是函数 $f(x)$ 的一个原函数，求函数 $f(x)$.

2. 已知 $\int f(x)\mathrm{d}x = \ln(e^x + 1)$，求函数 $f(x)$.

3. 求下列不定积分：

(1) $\int \dfrac{1}{x^4}\mathrm{d}x$；

(2) $\int x\sqrt{x}\,\mathrm{d}x$；

(3) $\int (x^2 + 1)^2 \mathrm{d}x$；

(4) $\int \dfrac{(1+x)^2}{\sqrt{x}}\mathrm{d}x$；

(5) $\int \left(2e^x + \dfrac{3}{x} - \cos x\right)\mathrm{d}x$；

(6) $\int 5^x e^x \mathrm{d}x$；

(7) $\int e^x\left(1 - \dfrac{e^{-x}}{\sqrt{x}}\right)\mathrm{d}x$；

(8) $\int \dfrac{\cos 2x}{\cos x + \sin x}\mathrm{d}x$.

4. 一曲线通过点 $(e^2, 3)$，且该曲线上任何一点处的切线斜率等于该点横坐标的倒数，求此曲线方程.

5. 已知质点做直线运动，其速度 $v = 2t + 1\ (\mathrm{m/s})$，且质点从原点开始运动. 试求质点的运动方程，并求质点在 5 s 内经过的路程.

§2.12 木酒桶的容量

一、木酒桶容量问题

木酒桶是用木材制成的一种酒桶，制成木制酒桶的木材有很多种，常用的是橡木. 木酒桶可以稳定酒的颜色，使酒更加醇香. 世界上最古老的橡木桶"出生"于 1472 年，在近 550 年的时间里，它经历过一次大火以及两次世界大战，现在仍安好无损地躺在斯特拉斯堡大学附属医院的地下酒窖里（见图）.

为便于存储和搬运，木酒桶大多是轴对称结构. 该结构与正方体、圆柱体等不同，没有明确的容量计算公式，那么如何知道一个木酒桶可以装多少酒呢？接下来我们就在定积分的知识中找到答案.

二、定积分的概念和重要定理

(一) 定积分的概念

定义 1 设函数 $f(x)$ 在区间 $[a,b]$ 上有定义，任取分点 $a=x_0<x_1<x_2<\cdots<x_{i-1}<x_i<\cdots<x_{n-1}<x_n=b$ 把区间 $[a,b]$ 任意分成 n 个小区间 $[x_{i-1},x_i]$，每个小区间的长度为 $\Delta x_i=x_i-x_{i-1}$ ($i=1,2,\cdots,n$)，记 $\lambda=\max\limits_{1\leqslant i\leqslant n}\{\Delta x_i\}$，在每个小区间 $[x_{i-1},x_i]$ 上任取一点 ξ_i，作和式

$$S_n=\sum_{i=1}^{n}f(\xi_i)\Delta x_i$$

如果不论对 $[a,b]$ 怎样分割，也不管在小区间上如何取点 ξ_i，只要当 $\lambda\to 0$ 时，和式 S_n 总趋向于确定的极限，则称这个极限为 $f(x)$ 在区间 $[a,b]$ 上的定积分．记作 $\int_a^b f(x)\mathrm{d}x$，即

$$\int_a^b f(x)\mathrm{d}x=\lim_{\lambda\to 0}\sum_{i=1}^{n}f(\xi_i)\Delta x_i$$

其中，$f(x)$ 称为被积函数；$f(x)\mathrm{d}x$ 称为被积表达式；x 称为积分变量；a 称为积分下限；b 称为积分上限；$[a,b]$ 称为积分区间．

(二) 重要定理

对于定积分，有这样一个重要问题：函数 $f(x)$ 在区间 $[a,b]$ 上满足怎样的条件，$f(x)$ 在区间 $[a,b]$ 上一定可积？这个问题我们不作深入讨论，而只给出以下两个充分条件．

定理 1 设 $f(x)$ 在区间 $[a,b]$ 上连续，则 $f(x)$ 在区间 $[a,b]$ 上一定可积．

定理 2 设 $f(x)$ 在区间 $[a,b]$ 上有界，且只有有限个间断点，则 $f(x)$ 在区间 $[a,b]$ 上一定可积．

简单的定积分如何计算呢？下面给出一个基本定理．

定理 3（微积分基本定理） 如果函数 $F(x)$ 是连续 $f(x)$ 在区间 $[a,b]$ 上的一个原函数，则

$$\int_a^b f(x)\mathrm{d}x=F(b)-F(a)$$

简记为

$$\int_a^b f(x)\mathrm{d}x=[F(x)]_a^b=F(x)\big|_a^b$$

例 1 计算定积分 $\int_0^1 x\mathrm{d}x$．

解 因为 $\dfrac{x^2}{2}$ 是 x 的一个原函数，所以按牛顿—莱布尼兹公式，有

$$\int_0^1 x\mathrm{d}x=\frac{1}{2}x^2\big|_0^1=\frac{1}{2}-0=\frac{1}{2}$$

例 2 计算定积分 $\int_0^{\frac{\pi}{2}}\cos x\mathrm{d}x$．

解 由于 sin x 是 cos x 的一个原函数，因此

$$\int_0^{\frac{\pi}{2}} \cos x \, dx = \sin x \Big|_0^{\frac{\pi}{2}} = \sin \frac{\pi}{2} - \sin 0 = 1$$

三、定积分的性质

由定积分的定义，可以直接推证定积分具有下述性质，并假设各性质中所列出的定积分都是存在的.

性质1 函数的和（差）的定积分等于它们的定积分的和（差），即

$$\int_a^b [f(x) \pm g(x)] \, dx = \int_a^b f(x) \, dx \pm \int_a^b g(x) \, dx$$

这个性质可以推广到有限个函数代数和的情形.

性质2 被积函数中的常数因子可以提到积分号外面，即

$$\int_a^b kf(x) \, dx = k \int_a^b f(x) \, dx \quad (k \text{ 是常数})$$

性质3（积分对区间的可加性）如果将积分区间$[a,b]$分成两部分$[a,c]$和$[c,b]$，那么

$$\int_a^b f(x) \, dx = \int_a^c f(x) \, dx + \int_c^b f(x) \, dx$$

这个性质中，不论a, b, c的相对位置如何，等式仍成立.

例3 设 $f(x) = \begin{cases} 2x, & 0 \le x \le 1 \\ 5, & 1 < x \le 2 \end{cases}$，求 $\int_0^2 f(x) \, dx$.

解 由定积分性质得

$$\int_0^2 f(x) \, dx = \int_0^1 f(x) \, dx + \int_1^2 f(x) \, dx = \int_0^1 2x \, dx + \int_1^2 5 \, dx = 6$$

例4 计算定积分 $\int_{-1}^1 |x| \, dx$.

解 将被积函数中的绝对值符号去掉，变成分段函数，

$$|x| = \begin{cases} -x, & -1 \le x \le 0 \\ x, & 0 < x \le 1 \end{cases}$$

于是

$$\int_{-1}^1 |x| \, dx = \int_{-1}^0 (-x) \, dx + \int_0^1 x \, dx$$

$$= \left(-\frac{x^2}{2}\right)\Big|_{-1}^0 + \left(\frac{x^2}{2}\right)\Big|_0^1 = 1$$

四、定积分计算

（一）换元积分法

定理4 假设函数$f(x)$在区间$[a,b]$上连续作变换$x = \phi(t)$，如果

（1）函数$x = \phi(t)$在区间$[\alpha, \beta]$上有连续导数$\phi'(t)$；

(2) 当 t 在区间 $[\alpha, \beta]$ 上变化时，$x=\phi(t)$ 的值从 $\phi(\alpha)=a$ 单调地变到 $\phi(\beta)=b$，则

$$\int_a^b f(x)\mathrm{d}x = \int_\alpha^\beta f[\phi(t)] \cdot \phi'(t)\mathrm{d}t$$

上述公式叫作定积分的换元公式.

例 5 求 $\int_0^4 \dfrac{\mathrm{d}x}{1+\sqrt{x}}$.

解 令 $\sqrt{x}=t$，则 $x=t^2$，$\mathrm{d}x=2t\mathrm{d}t$. 当 $x=0$ 时，$t=0$；$x=4$ 时 $t=2$. 于是

$$\int_0^4 \frac{\mathrm{d}x}{1+\sqrt{x}} = \int_0^2 \frac{2t}{1+t}\mathrm{d}t = 2\int_0^2 \left(1-\frac{1}{1+t}\right)\mathrm{d}t = 2[t-\ln(1+t)]\Big|_0^2 = 4-2\ln 3$$

例 6 计算 $\int_0^4 \dfrac{x+2}{\sqrt{2x+1}}\mathrm{d}x$.

解
$$\int_0^4 \frac{x+2}{\sqrt{2x+1}}\mathrm{d}x \xrightarrow{\text{令}\sqrt{2x+1}=t} \int_1^3 \frac{\frac{t^2-1}{2}+2}{t}\cdot t\mathrm{d}t = \frac{1}{2}\int_1^3 (t^2+3)\mathrm{d}t$$

$$= \frac{1}{2}\left(\frac{1}{3}t^3+3t\right)\Big|_1^3 = \frac{1}{2}\left[\left(\frac{27}{3}+9\right)-\left(\frac{1}{3}+3\right)\right] = \frac{22}{3}$$

提示：$x=\dfrac{t^2-1}{2}$，$\mathrm{d}x=t\mathrm{d}t$；当 $x=0$ 时 $t=1$，当 $x=4$ 时 $t=3$.

（二）分部积分法

设函数 $u(x)$，$v(x)$ 在区间 $[a,b]$ 上具有连续的导数 $u'(x)$，$v'(x)$，则有

$$(uv)' = u'v+uv'$$

两端分别在区间 $[a,b]$ 上作定积分得

$$\int_a^b (uv)'\mathrm{d}x = \int_a^b u'v\mathrm{d}x + \int_a^b uv'\mathrm{d}x$$

从而

$$\int_a^b uv'\mathrm{d}x = \int_a^b (uv)'\mathrm{d}x - \int_a^b u'v\mathrm{d}x$$

又因为

$$\int_a^b (uv)'\mathrm{d}x = [uv]_a^b$$

所以

$$\int_a^b uv'\mathrm{d}x = [uv]_a^b - \int_a^b u'v\mathrm{d}x \tag{1}$$

或简写为

$$\int_a^b u\mathrm{d}v = [uv]_a^b - \int_a^b v\mathrm{d}u \tag{2}$$

式（1）和式（2）就是定积分的分部积分公式. 其本质上与先用不定积分的分部积分法求原函数，再用牛顿-莱布尼兹公式计算定积分是一样的. 所以，定积分的分部积分法的

做题技巧和适应的函数类型与不定积分的分部积分法完全一样.

例 7 计算 $\int_0^1 xe^x dx$.

解 $\int_0^1 xe^x dx = \int_0^1 x de^x = [xe^x]_0^1 - \int_0^1 e^x dx = e - e^x|_0^1 = e - (e-1) = 1$

例 8 计算 $\int_0^\pi x\cos x dx$.

解
$$\int_0^\pi x\cos x dx = \int_0^\pi x d\sin x = [x\sin x]_0^\pi - \int_0^\pi \sin x dx$$
$$= 0 + \cos x|_0^\pi = 0 + (-1-1) = -2$$

五、定积分的应用

轴对称立体又叫旋转体. 所谓旋转体, 是指由一个平面图形绕该平面内的一条直线旋转一周形成的立体. 该直线叫作旋转轴. 由图 2-8 可知, 木酒桶可以看作由曲线 $y = f(x)$ 和直线 $x = -a$, $x = a$ 以及 x 轴所围成的曲边梯形绕 x 轴旋转一周而成. 其体积为

$$V = \pi \int_{-a}^a f^2(x) dx$$

一般的, 由曲线 $y = f(x)$ 和直线 $x = a$, $x = b$ 以及 x 轴所围成的曲边梯形绕 x 轴旋转一周形成的立体体积为

$$V = \pi \int_a^b f^2(x) dx \tag{1}$$

平面图形不仅可以绕 x 轴旋转, 也可以绕 y 轴旋转. 用与上面类似的方法可以推出: 由曲线 $x = \varphi(y)$ 和直线 $y = c$, $y = d$ 以及 y 轴所围成的曲边梯形绕 y 轴旋转一周形成的立体体积为

$$V = \pi \int_c^d \varphi^2(y) dy \tag{2}$$

例 9 计算椭圆 $\dfrac{x^2}{a^2} + \dfrac{y^2}{b^2} = 1$ 绕 x 轴旋转而成的椭球体体积.

解 椭球体可以看作上半椭圆 $y = \dfrac{b}{a}\sqrt{a^2 - x^2}$ 及 x 轴围成的图形绕 x 轴旋转而成. 由式(1)得

$$V = \pi \int_{-a}^a \left(\dfrac{b}{a}\sqrt{a^2 - x^2}\right)^2 dx = \dfrac{\pi b^2}{a^2} \int_{-a}^a (a^2 - x^2) dx$$
$$= \dfrac{\pi b^2}{a^2}\left(a^2 x - \dfrac{1}{3}x^3\right)\Big|_{-a}^a = \dfrac{4}{3}\pi ab^2.$$

例 10 计算由 $y = x^3$, $y = 8$ 及 y 轴围成的曲边梯形绕 y 轴旋转一周而成的立体体积.

解 绕 y 轴旋转, 需将边界曲线方程写成 $x = \varphi(y)$ 的形式. 由 $y = x^3$ 得 $x = \sqrt[3]{y}$.

所以, 该立体可以看作由曲线 $x = \sqrt[3]{y}$ 及直线 $y = 8$ 和 y 轴围成的曲边梯形绕 y 轴旋转一周而成.

由式(2)得

$$V = \pi \int_0^8 (\sqrt[3]{y})^2 dy = \pi \int_0^8 y^{\frac{2}{3}} dy$$
$$= \pi \cdot \frac{3}{5} y^{\frac{5}{3}} \Big|_0^8 = \frac{96}{5}\pi$$

设函数 $y=f(x)$ 在闭区间 $[a, b]$ 上连续，且 $f(x) \geq 0$. 则由定积分的几何意义知，由曲线 $y=f(x)$ 及直线 $x=a$，$x=b$，$x=0$ 所围成的曲边梯形面积为 $A = \int_a^b f(x) dx$. 其中，被积表达式 $f(x) dx$ 在平面直角坐标里就是面积微元 dA，它表示高为 $f(x)$，底为 dx 的一个矩形面积. 现就该结果推广到有一般情形.

(1) 设平面图形由连续曲线 $y=f(x)$，$y=g(x)$ 及直线 $x=a$ 和 $x=b(a<b)$ 所围成，其中，$f(x) \geq g(x)$，$x \in [a, b]$. 如图 2-10 所示.

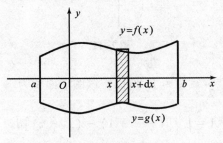

图 2-10

显然，图形面积与变量 x 有关，因此，将图形投影到 x 轴上，整个图形相应于 x 的范围为 $[a, b]$. 在 $[a, b]$ 内任取一小区间 $[x, x+dx]$，作微元 $dA = [f(x) - g(x)] dx$（图 2-10 小矩形面积），以 $dA = [f(x) - g(x)] dx$ 为被积表达式在区间 $[a, b]$ 作定积分，则该定积分就是平面图形的面积 A.

即
$$A = \int_a^b [f(x) - g(x)] dx \tag{3}$$

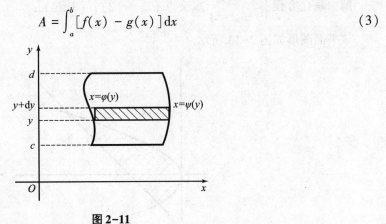

图 2-11

(2) 设平面图形由连续曲线 $x = \psi(y)$，$x = \varphi(y)$ 及直线 $y = c$ 和 $y = d(c < d)$ 所围成，其中，$\psi(y) \geq \varphi(y)$，$y \in [a, b]$. 如图 2-11 所示.

同样用微元法推得，该图形的面积为
$$A = \int_c^d [\psi(y) - \varphi(y)] dy \tag{4}$$

注意该公式是以 y 为积分变量,边界曲线方程写成的 $x = \varphi(y)$ 形式.

例 11 计算由抛物线 $y = -x^2 + 1$ 与 $y = x^2 - x$ 所围成的平面图形面积.

解 联立方程 $\begin{cases} y = -x^2 + 1, \\ y = x^2 - x \end{cases}$ 求交点 $\left(-\dfrac{1}{2}, \dfrac{3}{4}\right)$, $(1, 0)$;

该平面图形如图 2-12 所示.

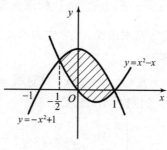

图 2-12

取 x 为积分变量,则 $-\dfrac{1}{2} \leqslant x \leqslant 1$. 所以,该图形面积为

$$A = \int_{-\frac{1}{2}}^{1} [(-x^2 + 1) - (x^2 - x)] dx$$

$$= \int_{-\frac{1}{2}}^{1} (-2x^2 + x + 1) dx$$

$$= \left(-\dfrac{2}{3}x^3 + \dfrac{1}{2}x^2 + x\right) \bigg|_{-\frac{1}{2}}^{1} = \dfrac{9}{8}$$

例 12 计算由抛物线 $y^2 = 2x$ 与直线 $y = x - 4$ 所围图形的面积 A.

解 联立方程 $\begin{cases} y^2 = 2x, \\ y = x - 4 \end{cases}$ 求交点 $(2, -2)$, $(8, 4)$;

该平面图形如图 2-13 所示.

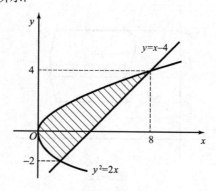

图 2-13

取 y 为积分变量,则 $-2 \leqslant y \leqslant 4$. 此时,需将边界曲线方程写成 $x = \varphi(y)$ 的形式.

由 $y^2 = 2x$ 得 $x = \dfrac{1}{2}y^2$,再由 $y = x - 4$ 得 $x = y + 4$.

所以，该图形可以看作由曲线 $x = \dfrac{1}{2}y^2$ 与直线 $x = y + 4$ 所围成.

由式(4)得，该图形面积为

$$A = \int_{-2}^{4}\left(y + 4 - \dfrac{1}{2}y^2\right)dy = \left.\left(\dfrac{y^2}{2} + 4y - \dfrac{y^3}{6}\right)\right|_{-2}^{4} = 18$$

例 12 当然也可以选 x 作积分变量，但是，由于该图形下方的曲线有两条，每条曲线的方程形式不一样，因此，在不同范围内所作的微元形式也不一样. 为此，需要在交点 $(2, -2)$ 处作一条直线 $x = 2$，将图形分成两部分，从而把区间 $[0, 8]$ 分成 $[0, 2]$，$[2, 8]$ 两个区间，然后，在这两个区间上按照式(3)各做一个定积分. 那么，这两个定积分之和就是该平面图形的面积. 显然，用这种方法计算比用前面的方法计算要复杂.

由此可见，利用定积分计算平面图形需要恰当地选择积分变量. 一般来说，如果围成平面图形的曲线是"上""下"关系，应选 x 为积分变量，按照式(3)进行计算；如果围成平面图形的曲线是"左""右"关系，应选 y 为积分变量，按照式(4)进行计算.

六、木酒桶容量计算

首先介绍微元法. 如果某一实际问题中所求量 U 满足以下条件：

（1）所求量 U 与变量 x 的变化区间有关；

（2）U 在区间 $[a, b]$ 上具有可加性；

（3）在区间 $[a, b]$ 上的任意小区间 $[x_i, x_i + \Delta x_i]$ 对应的部分增量 ΔU_i 可近似地表示为 $\Delta U_i \approx f(\xi_i)\Delta x_i$（$\xi_i \in [x_i, x_i + \Delta x_i]$，$f(x)$ 为区间 $[a, b]$ 上的连续函数），那么就可以用定积分来表达这个量 U.

通常写出 U 的积分表达式的步骤如下：

（1）确定积分区间.

根据实际情况，选取一个变量（如 x）为积分变量，并确定它的变化区间 $[a, b]$.

（2）由分割写出微元.

设想把区间 $[a, b]$ 分成 n 个小区间，取其中任一小区间（记为 $[x, x+dx]$），求出对应这个小区间的部分量 ΔU 的近似值 $f(x)dx$，称其为量 U 的微元，记为 dU，即

$$dU = f(x)dx$$

（3）由微元写出积分.

根据微元 $dU = f(x)dx$，写出总量 U 的定积分

$$U = \int_a^b dU = \int_a^b f(x)dx$$

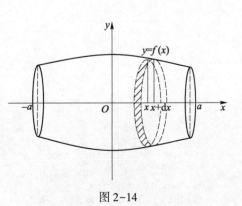

图 2-14

把木酒桶平放，使其几何中心位于原点，如图 2-14 所示. 任取区间 $[x, x+dx]$，$x \in [-a, a]$，则体积微元 $dV = \pi f^2(x)dx$，因此，木酒桶的体积 V 为

$$V = \int_{-a}^{a} \pi f^2(x)dx$$

课程思政：

木桶可以用来装水，也可以用来装酒，其价值在于装载什么．作为年轻人，我们的价值在于内在的提升．一方面要脱离低级趣味，养成良好习惯，不断地学习新知识和新技能；另一方面要胸怀祖国，胸怀他人，把有限的生命投入到无限为人民服务当中，为祖国强大做出自己的贡献．

习题 2-12

1. 求下列定积分：

(1) $\int_0^1 x^{10} dx$；

(2) $\int_1^4 \sqrt{x} dx$；

(3) $\int_0^4 \dfrac{\sqrt{x}}{1+\sqrt{x}} dx$；

(4) $\int_0^{\frac{\sqrt{2}}{2}} \arccos x dx$；

(5) $\int_0^1 x\sin \pi x dx$．

2. 求由下列曲线围成的平面图形绕指定轴旋转一周而成的旋转体体积：

(1) $y = \sqrt{x}$，$x = 4$，$y = 0$ 绕 x 轴；

(2) $y = x^3$，$x = 2$，$y = 0$ 绕 x 轴；

(3) $y = x^2$，$y^2 = x$ 绕 y 轴；

(4) $y = x^2$，$y = 4$ 绕 y 轴．

3. 求由下列曲线所围成的平面图形的面积：

(1) $y = \sqrt{x}$ 与 $y = x$；

(2) $y = x^2$ 与直线 $y = x$；

(3) $y = 1 - x^2$ 与直线 $y = 0$；

(4) $y = x$，$y = 2x$，$y = 2$；

(5) $y = \ln x$ 与直线 $y = 0$，$y = 1$，$x = 0$．

第 3 章 线性代数之密码问题

科学家和工程师正在研究大量极其复杂的问题,这在几十年前是不可想象的,今天线性代数对许多科学技术和工程领域中的学生的重要性可以说超过了大学其他数学课程. 线性代数运用在许多领域,例如,仓储管理、工程规划、密码问题等.

§3.1 行列式初步

在许多实际问题中,我们会遇到很多求解线性方程组的问题. 我们虽然在中学里学过如何求解二元一次方程组和三元一次方程组的解,但对于下面的 n 元一次方程组

$$\begin{cases} a_{11}x_1 + a_{12}x_2 + \cdots + a_{1n}x_n = b_1, \\ a_{12}x_1 + a_{22}x_2 + \cdots + a_{2n}x_n = b_2, \\ \cdots \\ a_{n1}x_1 + a_{n2}x_2 + \cdots + a_{nn}x_n = b_n \end{cases}$$

我们如何去求解呢?

一、二阶与三阶行列式

考虑含有两个未知量 x_1,x_2 的线性方程组

$$\begin{cases} a_{11}x_1 + a_{12}x_2 = b_1, \\ a_{21}x_1 + a_{22}x_2 = b_2 \end{cases} \tag{3.1}$$

为了求得方程组 (3.1) 的解,可以利用加减消元法得到

$$\begin{cases} (a_{11}a_{22} - a_{12}a_{21})x_1 = b_1 a_{22} - b_2 a_{12}, \\ (a_{11}a_{22} - a_{12}a_{21})x_2 = b_2 a_{11} - b_1 a_{21} \end{cases}$$

当 $a_{11}a_{22} - a_{12}a_{21} \neq 0$ 时,方程组 (3.1) 有唯一解

$$x_1 = \frac{b_1 a_{22} - b_2 a_{12}}{a_{11}a_{22} - a_{12}a_{21}}, \quad x_2 = \frac{b_2 a_{11} - b_1 a_{21}}{a_{11}a_{22} - a_{12}a_{21}}$$

为了便于记忆上述解的公式,引进记号

$$\begin{vmatrix} a_{11} & a_{12} \\ a_{21} & a_{22} \end{vmatrix}$$

并称它为**二阶行列式**. 类似地,也可将解中的另外两个代数和用二阶行列式表示,即

$$D_1 = \begin{vmatrix} b_1 & a_{12} \\ b_2 & a_{22} \end{vmatrix}; \quad D_2 = \begin{vmatrix} a_{11} & b_1 \\ a_{22} & b_2 \end{vmatrix}$$

从而当
$$D = \begin{vmatrix} a_{11} & a_{12} \\ a_{21} & a_{22} \end{vmatrix} \neq 0$$

时，方程组（3.1）的解可表示为

$$x_1 = \frac{D_1}{D}, \quad x_2 = \frac{D_2}{D}$$

这样我们就可以给出二阶行列式的定义了．

称由 4 个数 a_{11}，a_{12}，a_{21}，a_{22} 排成的一个方阵，两边加上两条直线，为一个二阶行列式；它表示一个数 $a_{11}a_{22} - a_{12}a_{21}$，称为行列式的值，记为

$$\begin{vmatrix} a_{11} & a_{12} \\ a_{21} & a_{22} \end{vmatrix} = a_{11}a_{22} - a_{12}a_{21}$$

其中，横排称为行，纵排称为列，数 $a_{ij}(i=1,2; j=1,2)$ 称为行列式的元素，必须注意的是，二阶行列式与后面二阶矩阵的概念不同，行列式表示由 4 个数构成的代数和，而矩阵表示由两行两列构成的数表．

根据三阶行列式的定义，我们把三阶行列式改写为

$$\begin{vmatrix} a_{11} & a_{12} & a_{13} \\ a_{21} & a_{22} & a_{23} \\ a_{31} & a_{32} & a_{33} \end{vmatrix} = a_{11}a_{22}a_{33} + a_{12}a_{23}a_{31} + a_{13}a_{21}a_{32} - a_{13}a_{22}a_{31} - a_{12}a_{21}a_{33} - a_{11}a_{23}a_{32}$$

为了给出更高阶行列式的定义，我们把三阶行列式改写为

$$\begin{vmatrix} a_{11} & a_{12} & a_{13} \\ a_{21} & a_{22} & a_{23} \\ a_{31} & a_{32} & a_{33} \end{vmatrix} = a_{11}(a_{22}a_{33} - a_{23}a_{32}) - a_{12}(a_{21}a_{33} - a_{23}a_{31}) + a_{13}(a_{21}a_{32} - a_{22}a_{31})$$

$$= a_{11} \begin{vmatrix} a_{22} & a_{23} \\ a_{32} & a_{33} \end{vmatrix} - a_{12} \begin{vmatrix} a_{21} & a_{23} \\ a_{31} & a_{33} \end{vmatrix} + a_{13} \begin{vmatrix} a_{21} & a_{22} \\ a_{31} & a_{32} \end{vmatrix}$$

其中

$$\begin{vmatrix} a_{22} & a_{23} \\ a_{32} & a_{33} \end{vmatrix}$$

是原三阶行列式中划去元素 a_{11} 所在的第一行、第一列后剩下的元素按原来的次序组成的二阶行列式，称它为元素 a_{11} 的余子式，记作 M_{11}，即

$$M_{11} = \begin{vmatrix} a_{22} & a_{23} \\ a_{32} & a_{33} \end{vmatrix}$$

类似地，有

$$M_{12} = \begin{vmatrix} a_{21} & a_{23} \\ a_{31} & a_{33} \end{vmatrix}, \quad M_{13} = \begin{vmatrix} a_{21} & a_{22} \\ a_{31} & a_{32} \end{vmatrix}$$

令 $A_{ij} = (-1)^{i+j} M_{ij}(i,j=1,2,3)$，称 A_{ij} 为元素 a_{ij} 的代数余子式．从而

$$A_{11} = (-1)^{1+1} M_{11} = M_{11}$$
$$A_{12} = (-1)^{1+2} M_{12} = -M_{12}$$
$$A_{13} = (-1)^{1+3} M_{13} = M_{13}$$

于是三阶行列式也可以定义为

$$\begin{vmatrix} a_{11} & a_{12} & a_{13} \\ a_{21} & a_{22} & a_{23} \\ a_{31} & a_{32} & a_{33} \end{vmatrix} = a_{11}A_{11} + a_{12}A_{12} + a_{13}A_{13} = \sum_{j=1}^{3} a_{1j}A_{1j}$$

上式说明，一个三阶行列式的第一行元素与其相应的代数余子式的乘积之和，称为三阶行列式按第一行的展开式．

对于一阶行列式 $|a|$，其值就定义为 a．这样上述定理又不仅对二、三阶行列式都适应，而且对一般的正整数 n，我们可以利用数学归纳法给出 n 阶行列式的定义：

$$D = \sum_{j=1}^{n} a_{1j}A_{1j}$$

二、行列式的几个简单性质

为了简化行列式的计算，下面我们不加证明地给出行列式的几个性质，并利用二阶或三阶行列式予以说明和验证．

性质1　行列互换，行列式的值不变．

例如：

$$\begin{vmatrix} 1 & 2 \\ 4 & 7 \end{vmatrix} = 7-8 = -1, \quad \begin{vmatrix} 1 & 4 \\ 2 & 7 \end{vmatrix} = 7-8 = -1$$

性质2　两行互换，行列式的值反号．

$$\begin{vmatrix} 1 & 2 \\ 4 & 7 \end{vmatrix} = 7-8 = -1, \quad \begin{vmatrix} 4 & 7 \\ 1 & 2 \end{vmatrix} = 8-7 = 1$$

推论　若行列式有两行的对应元素相等，则行列式的值等于零．

例如：

$$\begin{vmatrix} 1 & -1 & 2 \\ 2 & 3 & 4 \\ 1 & -1 & 2 \end{vmatrix} = 1 \times \begin{vmatrix} 3 & 4 \\ -1 & 2 \end{vmatrix} - (-1) \times \begin{vmatrix} 2 & 4 \\ 1 & 2 \end{vmatrix} + 2 \times \begin{vmatrix} 2 & 3 \\ 1 & -1 \end{vmatrix} = 10+0-10 = 0$$

性质3　用数 k 乘行列式的某一行的所有元素，等于用数 k 乘这个行列式．

例如，用 -3 乘行列式 $\begin{vmatrix} 1 & -2 \\ 2 & -3 \end{vmatrix}$ 的第一行，得 $\begin{vmatrix} -3 & 6 \\ 2 & -3 \end{vmatrix} = 9-12 = -3$．

性质3表明，在行列式的某一行有公因子时，可以把下一个公因子提到行列式的符号外面去．

推论1　若行列式中有一行的元素全为零，则行列式的值等于零．

推论2　若行列式中有两行对应元素成比例，则行列式的值等于零．

性质4　用数 k 乘行列式的某一行的所有元素并加到另一行对应元素上，所得到的新行列式和原来的行列式的值相等.

例如：

$$D = \begin{vmatrix} 1 & -2 \\ 2 & 5 \end{vmatrix} = 5+4 = 9$$

而将此行列式第一行乘以（-2）加到第二行上，得

$$D_1 = \begin{vmatrix} 1 & -2 \\ 0 & 9 \end{vmatrix} = 9$$

即 $D = D_1$.

性质 5 行列式的值等于它的任一行的各元素与其代数余子式的乘积之和，即

$$D = a_{i1}A_{i1} + a_{i2}A_{i2} + \cdots + a_{in}A_{in} = \sum_{j=1}^{n} a_{ij}A_{ij}$$

三、行列式的运算

利用行列式的性质，可以减少计算量，简化行列式的计算. 在这一段中，我们通过一些行列式的计算例子，来说明行列式的运算.

例 1 计算下列二阶行列式：

(1) $\begin{vmatrix} 3 & 4 \\ 1 & 6 \end{vmatrix}$；

(2) $\begin{vmatrix} x^2 & 4 \\ x & 6 \end{vmatrix}$.

解 （1） $\begin{vmatrix} 3 & 4 \\ 1 & 6 \end{vmatrix} = 3 \times 6 - 1 \times 4 = 14$；

（2） $\begin{vmatrix} x^2 & 4 \\ x & 6 \end{vmatrix} = x^2 \times 6 - x \times 4 = 6x^2 - 4x$.

例 2 计算下列三阶行列式：

(1) $\begin{vmatrix} 2 & -1 & -2 \\ 3 & 4 & 1 \\ 1 & 6 & 2 \end{vmatrix}$；

(2) $\begin{vmatrix} -2 & -4 & 1 \\ 3 & 0 & 3 \\ 5 & 4 & -2 \end{vmatrix}$.

解 （1） $\begin{vmatrix} 2 & -1 & -2 \\ 3 & 4 & 1 \\ 1 & 6 & 2 \end{vmatrix} = 2 \times (-1)^{1+1} \begin{vmatrix} 4 & 1 \\ 6 & 2 \end{vmatrix} + (-1)(-1)^{1+2} \begin{vmatrix} 3 & 1 \\ 1 & 2 \end{vmatrix} + (-2) \times$

$(-1)^{1+3} \begin{vmatrix} 3 & 4 \\ 1 & 6 \end{vmatrix} = 2 \times 2 + 1 \times 5 + (-2) \times 14 = -19.$

（2） $\begin{vmatrix} -2 & -4 & 1 \\ 3 & 0 & 3 \\ 5 & 4 & -2 \end{vmatrix} = (-2) \times (-1)^{1+1} \begin{vmatrix} 0 & 3 \\ 4 & -2 \end{vmatrix} + (-4) \times (-1)^{1+2} \times$

$\begin{vmatrix} 3 & 3 \\ 5 & -2 \end{vmatrix} + 1 \times (-1)^{1+3} \begin{vmatrix} 3 & 0 \\ 5 & 4 \end{vmatrix} = -48.$

四、克莱姆法则

设含有 n 个未知量 $x_1, x_2, \cdots, x_n$ 和 n 个方程的线性方程组为

$$\begin{cases} a_{11}x_1 + a_{12}x_2 + \cdots + a_{1n}x_n = b_1, \\ a_{21}x_1 + a_{22}x_2 + \cdots + a_{2n}x_n = b_2, \\ \cdots \\ a_{n1}x_1 + a_{n2}x_2 + \cdots + a_{nn}x_n = b_n \end{cases} \tag{3.2}$$

定理1 克莱姆法则 如果方程组 (3.2) 的系数行列式

$$D = \begin{vmatrix} a_{11} & a_{12} & \cdots & a_{1n} \\ a_{21} & a_{22} & \cdots & a_{2n} \\ \vdots & \vdots & & \vdots \\ a_{n1} & a_{n2} & \cdots & a_{nn} \end{vmatrix} \neq 0$$

则方程组 (3.2) 有唯一解

$$x_j = \frac{D_j}{D} (j = 1, 2, \cdots, n) \tag{3.3}$$

其中

$$D_j = \begin{vmatrix} a_{11} & \cdots & a_{1j-1} & b_1 & a_{1j+1} & \cdots & a_{1n} \\ a_{21} & \cdots & a_{2j-2} & b_2 & a_{2j+2} & \cdots & a_{2n} \\ \vdots & & \vdots & \vdots & \vdots & & \vdots \\ a_{n1} & \cdots & a_{nj-1} & b_n & a_{nj+1} & \cdots & a_{nn} \end{vmatrix}$$

即 D_j 是把系数行列式 D 的第 j 列元素 $a_{1j}, a_{2j}, \cdots, a_{nj}$ 换为方程组右端常数项 $b_1, b_2, \cdots, b_n$, 其余元素不变所得到的行列式.

证明 把 (3.3) 代入方程组 (3.2), 可以验证 (3.3) 确实是方程组 (3.2) 的解 (过程略).

下面证明方程组 (3.2) 的解是唯一的. 设

$$x_1 = c_1, \quad x_2 = c_2, \quad \cdots, \quad x_n = c_n$$

为方程组 (3.3) 的任意一组解. 于是

$$\begin{cases} a_{11}c_1 + a_{12}c_2 + \cdots + a_{1n}c_n = b_1, \\ a_{21}c_1 + a_{22}c_2 + \cdots + a_{2n}c_n = b_2, \\ \cdots \\ a_{n1}c_1 + a_{n2}c_2 + \cdots + a_{nn}c_n = b_n \end{cases} \tag{3.4}$$

用 $A_{1j}, A_{2j}, \cdots, A_{nj}$ 分别乘以 (3.4) 的第1、第2、…、第 n 个等式, 再把 n 个等式两边相加得

$$(a_{11}A_{1j} + a_{21}A_{2j} + \cdots + a_{n1}A_{nj})c_1 + \cdots +$$
$$(a_{1j}A_{1j} + a_{2j}A_{2j} + \cdots + a_{nj}A_{nj})c_j + \cdots +$$
$$(a_{1n}A_{1j} + a_{2n}A_{2j} + \cdots + a_{nn}A_{nj})c_n$$
$$= b_1 A_{1j} + b_2 A_{2j} + \cdots + b_n A_{nj}$$

根据 n 阶行列式的定义，上式即为
$$Dc_j = D_j (j=1,2,\cdots,n)$$
因为 $D \neq 0$，所以 $c_j = D_j/D (j=1,2,\cdots,n)$. 这说明方程组（3.2）的解必有（3.3）的形式. 即当 $D \neq 0$ 时，方程组（3.2）的解是唯一的.

在方程组（3.2）中，如果所有的常数项 $b_i = 0 (i=1,2,\cdots,n)$，则方程组称为 n 元齐次线性方程组.

n 元齐次线性方程组
$$\begin{cases} a_{11}x_1 + a_{12}x_2 + \cdots + a_{1n}x_n = 0, \\ a_{21}x_1 + a_{22}x_2 + \cdots + a_{2n}x_n = 0, \\ \cdots \\ a_{n1}x_1 + a_{n2}x_2 + \cdots + a_{nn}x_n = 0 \end{cases} \qquad (3.5)$$

显然必有零解（即 $x_j = 0, j=1,2,\cdots,n$）. 但它也可能有非零解. 一般有，

定理 2 如果齐次线性方程组（3.5）的系数行列式 $D \neq 0$，则它仅有零解.

证明（略）.

推论 如果齐次线性方程组（3.5）有非零解，则它的系数行列式 $D = 0$.

应注意，克莱姆法则只能应用于 n 个未知量、n 个方程，并且系数行列式不等于零的线性方程组. 对于线性方程组中未知量个数与方程个数不同；或未知量个数与方程个数虽然相同，但系数行列式等于零的情形，并不适用克莱姆法则.

例 3 解线性方程组
$$\begin{cases} 2x_1 - 3x_2 + 2x_4 = 8, \\ x_1 + 5x_2 + 2x_3 + x_4 = 2, \\ 3x_1 - x_2 + x_3 - x_4 = 7, \\ 4x_1 + x_2 + 2x_3 + 2x_4 = 12 \end{cases}$$

解 方程组的系数行列式
$$D = \begin{vmatrix} 2 & -3 & 0 & 2 \\ 1 & 5 & 2 & 1 \\ 3 & -1 & 1 & -1 \\ 4 & 1 & 2 & 2 \end{vmatrix} = -6 \neq 0$$

所以方程组有唯一解. 而

$$D_1 = \begin{vmatrix} 8 & -3 & 0 & 2 \\ 2 & 5 & 2 & 1 \\ 7 & -1 & 1 & -1 \\ 12 & 1 & 2 & 2 \end{vmatrix} = -18, \quad D_2 = \begin{vmatrix} 2 & 8 & 0 & 2 \\ 1 & 2 & 2 & 1 \\ 3 & 7 & 1 & -1 \\ 4 & 12 & 2 & 2 \end{vmatrix} = 0$$

$$D_3 = \begin{vmatrix} 2 & -3 & 8 & 2 \\ 1 & 5 & 2 & 1 \\ 3 & -1 & 7 & -1 \\ 4 & 1 & 12 & 2 \end{vmatrix} = 6, \quad D_4 = \begin{vmatrix} 2 & -3 & 0 & 8 \\ 1 & 5 & 2 & 2 \\ 3 & -1 & 1 & 7 \\ 4 & 1 & 2 & 12 \end{vmatrix} = -6$$

所以

$$x_1 = \frac{D_1}{D} = 3, \qquad x_2 = \frac{D_2}{D} = 0,$$

$$x_3 = \frac{D_3}{D} = -1, \qquad x_4 = \frac{D_4}{D} = 1.$$

例 4 如果齐次线性方程组

$$\begin{cases} x_1 + (k^2+1)x_2 + 2x_3 = 0, \\ x_1 + (2k+1)x_2 + 2x_3 = 0, \\ kx_1 + kx_2 + (2k+1)x_3 = 0 \end{cases}$$

有非零解,求 k 值.

解 方程组的系数行列式

$$D = \begin{vmatrix} 1 & k^2+1 & 2 \\ 1 & 2k+1 & 2 \\ k & k & 2k+1 \end{vmatrix} = \begin{vmatrix} 1 & k^2+1 & 2 \\ 0 & 2k-k^2 & 0 \\ 0 & -k^3 & 1 \end{vmatrix} = \begin{vmatrix} k(2-k) & 0 \\ -k^3 & 1 \end{vmatrix} = k(2-k)$$

若齐次线性方程组有非零解,则 $D=0$. 于是 $k=0$ 或 $k=2$.

习题 3-1

1. 计算下列二阶行列式:

(1) $\begin{vmatrix} 1 & 3 \\ 1 & 4 \end{vmatrix}$; (2) $\begin{vmatrix} 2 & 1 \\ -1 & 2 \end{vmatrix}$; (3) $\begin{vmatrix} a & b \\ a^2 & b^2 \end{vmatrix}$; (4) $\begin{vmatrix} \log_a b & 1 \\ 1 & \log_b a \end{vmatrix}$.

2. 计算下列行列式:

(1) $\begin{vmatrix} -2 & -4 & 1 \\ 3 & 0 & 3 \\ 5 & 4 & -2 \end{vmatrix}$; (2) $\begin{vmatrix} 1 & -1 & 0 \\ 4 & -5 & -3 \\ 2 & 3 & 6 \end{vmatrix}$; (3) $\begin{vmatrix} 2 & 7 & -3 \\ -5 & -4 & 1 \\ 10 & 3 & 7 \end{vmatrix}$.

3. 用行列式解下列线性方程组:

(1) $\begin{cases} x_1 + 2x_2 = 3, \\ 2x_1 - x_2 = 1; \end{cases}$ (2) $\begin{cases} x_1 + x_2 - 2x_3 = -3, \\ 5x_1 - 2x_2 + 7x_3 = 22, \\ 2x_1 - 5x_2 + 4x_3 = 4; \end{cases}$

(3) $\begin{cases} 2x_1 - x_2 + 3x_3 = 5, \\ 3x_1 + x_2 - 5x_3 = 5, \\ 4x_1 - x_2 + x_3 = 9; \end{cases}$ (4) $\begin{cases} 2x_1 - x_2 + x_3 = 0, \\ 3x_1 + 2x_2 - 5x_3 = 1, \\ x_1 + 3x_2 - 2x_3 = 4. \end{cases}$

§3.2 矩阵

矩阵是什么?对于每一个初学者来说,矩阵是抽象和陌生的概念,对线性代数学科来说,矩阵是一个非常重要的概念.

矩阵既是研究线性代数的一个重要工具,同时它也是线性代数研究的重要对象. 许多线性问题都可以用矩阵描述并利用矩阵理论加以研究解决. 矩阵在量子力学、统计力学、工程结构分析、系统控制等方面也有着广泛的应用.

一、矩阵的定义

矩阵是数(或函数)的矩形阵表. 在工程技术、生产活动和日常生活中,我们常常用数表表示一些量和关系,如工厂中的产量统计表、市场上的价目表等. 在给出矩阵定义之前,先看几个例子.

例1 在物资调运中,某类物资有三个产地、四个销地,它的调运情况如表3-1所示.

表 3-1

调运吨数 产地 \ 销地	I	II	III	IV
A	0	3	4	7
B	8	2	3	0
C	5	4	0	6

如果我们用一个 3 行 4 列的数表表示该调运方案,可以简记为

$$\begin{pmatrix} 0 & 3 & 4 & 7 \\ 8 & 2 & 3 & 0 \\ 5 & 4 & 0 & 6 \end{pmatrix}$$

其中每一行表示某个产地调往四个销售的调运量,每一列表示三个产地调到该销地的调运量.

例2 北京市某户居民第三季度每月水(t)、电(kW·h)、天然气(m^3)的使用情况,可以用一个 3 行 3 列的数表表示为

$$\begin{pmatrix} 11 & 190 & 8 \\ 12 & 215 & 8 \\ 10 & 186 & 9 \end{pmatrix}$$

列分别表示水、电、气,行分别表示 7 月、8 月、9 月.

例3 含有 n 个未知量、m 个方程的线性方程组

$$\begin{cases} a_{11}x_1+a_{12}x_2+\cdots+a_{1n}x_n=b_1, \\ a_{21}x_1+a_{22}x_2+\cdots+a_{2n}x_n=b_2, \\ \cdots \\ a_{m1}x_1+a_{m2}x_2+\cdots+a_{mn}x_n=b_m \end{cases}$$

如果把它的系数 $a_{ij}(i=1,2,\cdots,m;j=1,2,\cdots,n)$ 和常数项 $b_i(i=1,2,\cdots,m)$ 按原来顺序写出，就可以得到一个 m 行、$n+1$ 列的数表

$$\begin{pmatrix} a_{11} & a_{12} & \cdots & a_{1n} & b_1 \\ a_{21} & a_{22} & \cdots & a_{2n} & b_2 \\ \vdots & \vdots & & \vdots & \vdots \\ a_{m1} & a_{m2} & \cdots & a_{mn} & b_m \end{pmatrix}$$

这个数表就可以清晰地表达所列的线性方程组.

由上面三个例子可以看到，对于不同的问题可以用不同的数表来表示，我们将这些表统称为矩阵. 下面我们就给出矩阵的定义.

定义 1

$m \times n$ 个数 $a_{ij}(i=1,2,\cdots,m;j=1,2,\cdots,n)$ 排列成一个 m 行 n 列，并括以圆括弧（或方括弧）

$$A = \begin{pmatrix} a_{11} & a_{12} & \cdots & a_{1n} \\ a_{21} & a_{22} & \cdots & a_{2n} \\ \vdots & \vdots & & \vdots \\ a_{m1} & a_{m2} & \cdots & a_{mn} \end{pmatrix}$$

称为 m 行 n 列矩阵，简称 $m \times n$ 矩阵. 矩阵通常用大写字母 A，B，C，$\cdots$ 表示. 例如上述矩阵可以记作 A 或 $A_{m \times n}$，有时也记作

$$A = (a_{ij})_{m \times n}$$

其中，a_{ij} 称为矩阵 A 的第 i 行第 j 列元素.

特别地，当 $m=n$ 时，称 A 为 n 阶矩阵，或 n 阶方阵.

当 $m=1$ 时，矩阵只有一行，即

$$A = (a_{11}, a_{12}, \cdots, a_{1n})$$

称之为行矩阵（或行向量）. 当 $n=1$ 时，矩阵只有一列，即

$$A = \begin{pmatrix} a_{11} \\ a_{21} \\ \vdots \\ a_{m1} \end{pmatrix}$$

$$A = \begin{pmatrix} a_{11} & a_{12} & \cdots & a_{1n} \\ a_{21} & a_{22} & \cdots & a_{2n} \\ \vdots & \vdots & & \vdots \\ a_{n1} & a_{n2} & \cdots & a_{nn} \end{pmatrix}$$

称为 n 阶矩阵（或 n 阶方阵），n 阶矩阵可简记为 A_n.

在 n 阶矩阵中，从左上角到右下角的对角线称为主对角线，从右上角到左下角的对角线称为次对角线.

上述例 1 中的数表可以称为 3×4 矩阵，例 2 中的数表可以称为 3 阶矩阵或 3 阶方阵.

所有元素全为零的 $m×n$ 矩阵,称为零矩阵,记作 $O_{m×n}$ 或 O. 例如

$$O_{2×2} = \begin{pmatrix} 0 & 0 \\ 0 & 0 \end{pmatrix}, \quad O_{3×4} = \begin{pmatrix} 0 & 0 & 0 & 0 \\ 0 & 0 & 0 & 0 \\ 0 & 0 & 0 & 0 \end{pmatrix}$$

分别为 2 阶零矩阵和 3×4 阶零矩阵.

在矩阵 $A = (a_{ij})_{m×n}$ 中各个元素的前面都添加上负号(即取相反数)得到新矩阵,称为 A 的负矩阵,记作 $-A$,即

例如 $-A = (-a_{ij})_{m×n}$

$$A = \begin{pmatrix} 6 & -2 & 0 \\ -1 & 3 & 8 \\ 5 & 0 & -7 \end{pmatrix}, \quad -A = \begin{pmatrix} -6 & 2 & 0 \\ 1 & -3 & -8 \\ -5 & 0 & 7 \end{pmatrix}$$

那么 $-A$ 是 A 的负矩阵.

二、几种特殊矩阵

1. 对角矩阵

主对角线以外的元素全部是零的 n 阶矩阵,称为 n 阶对角矩阵,即

$$A = \begin{pmatrix} a_1 & 0 & \cdots & 0 \\ 0 & a_2 & \cdots & 0 \\ \vdots & \vdots & & \vdots \\ 0 & 0 & \cdots & a_n \end{pmatrix}$$

显然,由主对角线的元素就可以确定对角矩阵. 因此,经常把对角矩阵记作

$$\mathrm{diag}(a_1, a_2, \cdots, a_n)$$

例如

$$\mathrm{diag}(1, -2, 0) = \begin{pmatrix} 1 & 0 & 0 \\ 0 & -2 & 0 \\ 0 & 0 & 0 \end{pmatrix}$$

当对角的主对角线上的元素都相同时,即 $\mathrm{diag}(a_1, a_2, \cdots, a_n)$ 称为数量矩阵. 特别是当 $a = 1$ 时,称 n 阶数量矩阵

$$A = \begin{pmatrix} 1 & 0 & \cdots & 0 \\ 0 & 1 & \cdots & 0 \\ \vdots & \vdots & & \vdots \\ 0 & 0 & \cdots & 1 \end{pmatrix}$$

为 n 阶单位矩阵,记作 I 或 I_n.

当 $n=2,3$ 时,就是 2 阶、3 阶单位矩阵.

$$I_2 = \begin{pmatrix} 1 & 0 \\ 0 & 1 \end{pmatrix}, \quad I_3 = \begin{pmatrix} 1 & 0 & 0 \\ 0 & 1 & 0 \\ 0 & 0 & 1 \end{pmatrix}$$

2. 三角矩阵

主对角线下方的元素全都是零的 n 阶矩阵，称为 n 阶上三角矩阵，即

$$\begin{pmatrix} a_{11} & a_{12} & \cdots & a_{1n} \\ 0 & a_{22} & \cdots & a_{2n} \\ \vdots & \vdots & & \vdots \\ 0 & 0 & \cdots & a_{nn} \end{pmatrix}$$

主对角线上方的元素全都是零的阶矩阵，称为 n 阶下三角矩阵，即

$$\begin{pmatrix} a_{11} & 0 & \cdots & 0 \\ a_{21} & a_{22} & \cdots & 0 \\ \vdots & \vdots & & \vdots \\ a_{n1} & a_{n2} & \cdots & a_{nn} \end{pmatrix}$$

上三角矩阵、下三角矩阵统称为三角矩阵.

例如
$$A = \begin{pmatrix} -2 & 4 & 0 \\ 0 & 1 & -3 \\ 0 & 0 & 5 \end{pmatrix}, B = \begin{pmatrix} 1 & 0 & 0 & 0 \\ 5 & 3 & 0 & 0 \\ 0 & 4 & 0 & 0 \\ 7 & 0 & 2 & 6 \end{pmatrix}$$

如果 n 阶矩阵 $A = (a_{ij})_{n \times n}$ 中的元素满足 $a_{ij} = a_{ji}(i,j=1,2,\cdots,n)$，则称 A 为 n 阶对称矩阵.

$$A = \begin{pmatrix} 1 & 2 & -3 \\ 2 & -6 & 0 \\ -3 & 0 & 5 \end{pmatrix}, B = \begin{pmatrix} -1 & 5 & 0 & 7 \\ 5 & 3 & 0 & 8 \\ 0 & 4 & 0 & -2 \\ 7 & 8 & -2 & 6 \end{pmatrix}$$

分别是一个 3 阶对称矩阵和一个 4 阶对称矩阵.

显然，单位矩阵、数量矩阵、对角矩阵都是对称矩阵的特例.

如果 n 阶矩阵 $A = (a_{ij})_{n \times n}$ 中的元素满足 $a_{ij} = -a_{ji}(i,j=1,2,\cdots,n)$，则称 A 为 n 阶反对称矩阵. 由此可知，反对称矩阵的主对角线上的元素必定是零，因为由 $a_{ij} = -a_{ji}$ 得 $2a_{ii}=0$（$i=1,2,\cdots,n$），即

例如
$$A = \begin{pmatrix} 0 & -2 & 3 \\ 2 & 0 & -8 \\ -3 & 8 & 0 \end{pmatrix}, B = \begin{pmatrix} 0 & 5 & 0 & 7 \\ -5 & 0 & 3 & -8 \\ 0 & -3 & 0 & 2 \\ 7 & 8 & -2 & 0 \end{pmatrix}$$

分别是一个 3 阶反对称矩阵和一个 4 阶反对称矩阵.

三、矩阵的运算

1. 矩阵相等

定义1

若两个矩阵 $A = (a_{ij})_{s \times p}$，$B = (b_{ij})_{r \times q}$，满足：

（1）行、列数相同，即 $s=r$，$p=q$；

（2）对应元素相同，即 $a_{ij}=b_{ij}(i=1,2,\cdots,s;j=1,2,\cdots,p)$，

则称矩阵 A 与矩阵 B 相等，记为 $A=B$.

我们把行、列分别相同的矩阵称为同形矩阵.

根据定义，矩阵 $\begin{pmatrix} 1 & 2 \\ -1 & 3 \end{pmatrix}$ 与矩阵 $\begin{pmatrix} x & y & z \\ u & v & w \end{pmatrix}$，无论 x,y,z,u,v,w 取何数值都不可能相等，因为它们的列数不相同.

2. 矩阵的加法

定义 2 $A=(a_{ij})$，$B=(b_{ij})$ 都是 $m\times n$ 矩阵，我们称 $m\times n$ 矩阵 $C=(c_{ij})$，其中

$$c_{ij}=a_{ij}+b_{ij}(i=1,2,\cdots,m;j=1,2,\cdots,n)$$

为 A 与 B 之和，记为 $C=A+B$. 由定义可知，只有同形矩阵才能做加法运算.

例 4 设 $A=\begin{pmatrix} 1 & 2 & 5 \\ -4 & 6 & 3 \end{pmatrix}$，$B=\begin{pmatrix} -2 & 3 & 1 \\ 5 & 4 & 7 \end{pmatrix}$，求 $A+B$.

解

$$A+B=\begin{pmatrix} 1+(-2) & 2+3 & 5+1 \\ -4+5 & 6+4 & 3+7 \end{pmatrix}=\begin{pmatrix} -1 & 5 & 6 \\ 1 & 10 & 10 \end{pmatrix}$$

例 5 现有两种物资（t）要从四个产地运往三个销售地，其调运方案用矩阵表示为

$$A=\begin{pmatrix} 30 & 14 & 0 \\ 25 & 20 & 20 \\ 0 & 25 & 20 \\ 17 & 20 & 30 \end{pmatrix}, \quad B=\begin{pmatrix} 15 & 20 & 0 \\ 20 & 22 & 15 \\ 19 & 20 & 10 \\ 18 & 20 & 40 \end{pmatrix}$$

试问：从各产地运往各销售地物资的总量是多少？

解 设矩阵 C 为两种物资的总运量，那么矩阵 C 是 A 与 B 的和，即

$$C=A+B=\begin{pmatrix} 30 & 14 & 0 \\ 25 & 20 & 20 \\ 0 & 25 & 20 \\ 17 & 20 & 30 \end{pmatrix}+\begin{pmatrix} 15 & 20 & 0 \\ 20 & 22 & 15 \\ 19 & 20 & 10 \\ 18 & 20 & 40 \end{pmatrix}=\begin{pmatrix} 30+15 & 14+20 & 0+0 \\ 25+20 & 20+22 & 20+15 \\ 0+19 & 25+20 & 20+10 \\ 17+18 & 20+20 & 30+40 \end{pmatrix}=\begin{pmatrix} 45 & 34 & 0 \\ 45 & 42 & 35 \\ 19 & 45 & 30 \\ 35 & 40 & 70 \end{pmatrix}$$

不难验证，矩阵的加法满足以下运算规律：

（1）$A+B=B+A$（交换律）；

（2）$(A+B)+C=A+(B+C)$（结合律）.

利用负矩阵可以定义矩阵的减法：

$$A-B=A+(-B)$$

且有

$$A-A=O,\quad A+O=A$$

3. 矩阵的数量乘法

定义 3 设矩阵 $A=(a_{ij})_{m\times n}$，λ 为任意数，则称矩阵 $C=(c_{ij})_{m\times n}$ 为数 λ 与矩阵 A 的数乘，其中

$$c_{ij}=\lambda a_{ij}(i=1,2,\cdots,m;j=1,2,\cdots,n)$$

记为 $C=\lambda A$.

例 6 设 $A=\begin{pmatrix}5 & 2 & -1\\ 3 & 0 & 2\end{pmatrix}$，计算 $3A$.

解 由定义

$$3A=\begin{pmatrix}3\times 5 & 3\times 2 & 3\times(-1)\\ 3\times 3 & 3\times 0 & 3\times 2\end{pmatrix}=\begin{pmatrix}15 & 6 & -3\\ 9 & 0 & 6\end{pmatrix}$$

设 A，B 为任意 $m\times n$ 阶矩阵，k，h 为任意实数，可以验证矩阵的数量乘法满足以下运算规律：

（1） $k(A+B)=kA+kB$；
（2） $(k+h)A=kA+hA$；
（3） $(kh)A=k(hA)$；
（4） $1A=A$，$(-1)A=-A$.

4. 矩阵的乘法

先来考察一个实际例子.

例 7 某工厂生产三种产品，各种产品每件所需的生产成本估计以各季度每一产品的生产件数由表 3-2、表 3-3 分别给出.

表 3-2

产品	名 目		
	A	B	C
原材料	0.11	0.45	0.33
劳动力	0.20	0.33	0.24
管理费	0.20	0.10	0.12

表 3-3

季度	产 品			
	一	二	三	四
A	5 000	4 500	3 500	1 000
B	2 000	2 400	2 200	1 800
C	6 000	6 300	7 000	5 900

现希望给出一张指明各季度生产各种产品所需的各类成本的明细表.

解 借助矩阵记号，可将表 3-2、表 3-3 写成矩阵形式：

$$E = \begin{pmatrix} 0.11 & 0.45 & 0.33 \\ 0.20 & 0.33 & 0.24 \\ 0.20 & 0.10 & 0.12 \end{pmatrix}, \quad F = \begin{pmatrix} 5\,000 & 4\,500 & 3\,500 & 1\,000 \\ 2\,000 & 2\,400 & 2\,200 & 1\,800 \\ 6\,000 & 6\,300 & 7\,000 & 5\,900 \end{pmatrix}$$

而所需要的明细表可归结为下列矩阵：

$$\begin{array}{c} \quad\quad\quad\text{一}\ \ \text{二}\ \ \text{三}\ \ \text{四} \\ \begin{array}{c}\text{原材料}\\\text{劳动力}\\\text{管理费}\end{array}\begin{pmatrix} \times & \times & \times & \times \\ \times & \times & \times & \times \\ \times & \times & \times & \times \end{pmatrix}\end{array}$$

这是个 3×4 矩阵，可利用所给的表 3-2、表 3-3，即矩阵 E 和 F 计算出这里每个元素的值后填入. 例如第 2 季度所需劳动力（费用）的总量为：

$$0.20\times 4\,500 + 0.33\times 2\,400 + 0.24\times 6\,300 = 3\,204$$

从矩阵运算的角度来，这是 E 的第 2 行（相应于劳动力）与 F 的第 2 列（相应于第 2 季度）对应位置上的元素的乘积之和. 如果把由 E 和 F 结合产生的明细表矩阵称为是 E 与 F 的乘积并记作 EF，则可算出

$$EF = \begin{pmatrix} 3\,430 & 3\,654 & 3\,685 & 2\,867 \\ 3\,100 & 3\,204 & 3\,106 & 2\,210 \\ 1\,920 & 1\,896 & 1\,760 & 1\,088 \end{pmatrix}$$

这是个 3×3 矩阵和 3×4 矩阵作"乘法"，结果是 3×4 矩阵.

由此，一般地对矩阵乘法作如下定义：

定义 4

设 $A = (a_{ij})$ 是一个 $m\times s$ 矩阵，$B = (b_{ij})$ 是一个 $s\times n$ 矩阵，则称 $m\times n$ 矩阵 $C = (c_{ij})$，其中

$$c_{ij} = a_{i1}b_{1j} + a_{i2}b_{2j} + \cdots + a_{is}b_{sj} = \sum_{k=1}^{s} a_{ik}b_{kj} \quad (i = 1, 2, \cdots, m;\ j = 1, 2, \cdots, n)$$

为 A 与 B 的乘积，记为

$$C = AB$$

由定义 4 可知：

(1) 只有当左边矩阵 A 的列数与右边矩阵 B 的行数相同时，A 与 B 才能相乘得 AB；

(2) 两个矩阵的乘积 AB 亦是矩阵，它的行数等于左边矩阵 A 的行数，它的列数等于右边矩阵 B 的列数；

(3) 乘积矩阵 AB 中的第 i 行第 j 列的元素等于矩阵 A 的第 i 行与矩阵 B 的第 j 列对应元素之和，所以也称其为行乘列法则.

行乘列法则可表示如下：

$$\begin{pmatrix} a_{11} & a_{12} & \cdots & a_{1s} \\ \vdots & \vdots & & \vdots \\ a_{i1} & a_{i2} & \cdots & a_{is} \\ \vdots & \vdots & & \vdots \\ a_{m1} & a_{m2} & \cdots & a_{ms} \end{pmatrix} \begin{pmatrix} b_{11} & \cdots & b_{1j} & \cdots & b_{1n} \\ b_{21} & \cdots & b_{2j} & \cdots & b_{2n} \\ \vdots & & \vdots & & \vdots \\ b_{s1} & \cdots & b_{sj} & \cdots & b_{sn} \end{pmatrix}$$

$$= \begin{pmatrix} c_{11} & \cdots & c_{1j} & \cdots & c_{1n} \\ \vdots & & \vdots & & \vdots \\ c_{i1} & \cdots & c_{ij} & \cdots & c_{in} \\ \vdots & & \vdots & & \vdots \\ c_{m1} & \cdots & c_{mj} & \cdots & c_{mn} \end{pmatrix}$$

即
$$c_{ij} = a_{i1}b_{1j} + a_{i2}b_{2j} + \cdots + a_{is}b_{sj} = \sum_{k=1}^{s} a_{ik}b_{kj}$$

例8 已知 $A = \begin{pmatrix} 1 & -1 & 0 \\ 2 & 1 & -2 \\ -1 & 0 & 1 \end{pmatrix}$, $B = \begin{pmatrix} 0 & 2 \\ -1 & 1 \\ 1 & 0 \end{pmatrix}$, 计算 AB.

解 设 $C = AB$, 则

$$C = \begin{pmatrix} c_{11} & c_{12} \\ c_{21} & c_{22} \\ c_{31} & c_{32} \end{pmatrix}$$

其中, $c_{11} = 1$, $c_{12} = 1$, $c_{21} = -3$, $c_{22} = 5$, $c_{31} = 1$, $c_{32} = -2$.

即
$$AB = \begin{pmatrix} 1 & -1 & 0 \\ 2 & 1 & -2 \\ -1 & 0 & 1 \end{pmatrix} \begin{pmatrix} 0 & 2 \\ -1 & 1 \\ 1 & 0 \end{pmatrix}$$

$$= \begin{pmatrix} 1\times 0+(-1)\times(-1)+0\times 1 & 1\times 2+(-1)\times 1+0\times 0 \\ 2\times 0+1\times(-1)+(-2)\times 1 & 2\times 2+1\times 1+(-2)\times 0 \\ (-1)\times 0+0\times(-1)+1\times 1 & (-1)\times 2+0\times 1+1\times 0 \end{pmatrix}$$

$$= \begin{pmatrix} 1 & 1 \\ -3 & 5 \\ 1 & -2 \end{pmatrix}$$

例9 设 $A = \begin{pmatrix} 3 & 4 \\ 1 & 2 \end{pmatrix}$, $B = \begin{pmatrix} 0 & 2 \\ -1 & 1 \\ 1 & 0 \end{pmatrix}$, 求 BA.

解 $BA = \begin{pmatrix} 0 & 2 \\ -1 & 1 \\ 1 & 0 \end{pmatrix} \begin{pmatrix} 3 & 4 \\ 1 & 2 \end{pmatrix} = \begin{pmatrix} 0\times 3+2\times 1 & 0\times 4+2\times 2 \\ -1\times 3+1\times 1 & -1\times 4+1\times 2 \\ 1\times 3+0\times 1 & 1\times 4+0\times 2 \end{pmatrix} = \begin{pmatrix} 2 & 4 \\ -2 & -2 \\ 3 & 4 \end{pmatrix}$

显然 AB 无意义.

例 10 设 $A = \begin{pmatrix} 1 & -1 \\ -1 & 1 \end{pmatrix}$, $B = \begin{pmatrix} 1 & 1 \\ -1 & -1 \end{pmatrix}$, $C = \begin{pmatrix} 2 & 0 \\ 0 & -2 \end{pmatrix}$. 求 AB, BA 及 AC.

解 $AB = \begin{pmatrix} 1 & -1 \\ -1 & 1 \end{pmatrix} \begin{pmatrix} 1 & 1 \\ -1 & -1 \end{pmatrix} = \begin{pmatrix} 2 & 2 \\ -2 & -2 \end{pmatrix}$

$BA = \begin{pmatrix} 1 & 1 \\ -1 & -1 \end{pmatrix} \begin{pmatrix} 1 & -1 \\ -1 & 1 \end{pmatrix} = \begin{pmatrix} 0 & 0 \\ 0 & 0 \end{pmatrix}$

$AC = \begin{pmatrix} 1 & -1 \\ -1 & 1 \end{pmatrix} \begin{pmatrix} 2 & 0 \\ 0 & -2 \end{pmatrix} = \begin{pmatrix} 2 & 2 \\ -2 & -2 \end{pmatrix}$

这里可以看到,矩阵的乘法和我们所熟悉的数的乘法运算规律有许多不同之处:

(1) 矩阵乘法一般不满足交换律,亦即 AB 与 BA 可以不相等,甚至两者可以不必皆有意义(例如 9 中的 AB);若 $AB = BA$,则称矩阵 A 与矩阵 B 可交换.

(2) 在矩阵乘法中存在 $A \neq O$, $B \neq O$,有 $AB = O$(如例 10 中的 BA),这表明两个非零矩阵的乘积可能是零矩阵.

(3) 乘法的消去律不成立,即 $A \neq O$,且 $AB = AC$,不能导出 $B = C$(如例 10 中的 $AB = AC$).

矩阵乘法也有和数的乘法相似的运算规律:

(1) $(AB)C = A(BC)$(结合律);

(2) $\lambda(AB) = (\lambda A)B = A(\lambda B)$(数乘结合律);

(3) $A(B+C) = AB + AC$(左分配律);

$(B+C)A = BA + CA$(右分配律).

证

$$I_m A_{m \times n} = A_{m \times n} I_n = A_{m \times n}$$

有了矩阵的乘法,就可以进行矩阵的乘幂运算,设 A 是 n 阶方正,对于正整数 m,有

$$A^0 = I$$
$$A^m = A^{m-1} \cdot A = \underbrace{AA \cdots A}_{m\text{个}}$$

A^m 称为方阵 A 的 m 次幂.

对于非零方阵 A,规定 $A^0 = I$,用结合律易验证

$$(A^k)(A^l) = A^{k+l}, (A^k)^l = A^{k \cdot l}$$

其中,k、l 是任意非负整数.

由于矩阵乘法不满足交换律,因此一般地

$$(AB)^k \neq A^k B^k$$

以上的证明与验证皆略去.

习题 3-2

1. 计算下列各题：

(1) $\begin{pmatrix} 1 & 8 & 1 \\ 2 & 9 & -2 \end{pmatrix} + \begin{pmatrix} 6 & 0 & 3 \\ 1 & 2 & 1 \end{pmatrix}$；

(2) $\begin{pmatrix} 1 & 8 & 1 \\ 5 & 2 & 1 \\ 5 & 3 & 7 \end{pmatrix} + \begin{pmatrix} -1 & 5 & 2 \\ 5 & 4 & 8 \\ 3 & 2 & 1 \end{pmatrix}$；

(3) $\begin{pmatrix} 1 & 8 & 1 \\ 2 & 0 & -2 \end{pmatrix} + 2\begin{pmatrix} -1 & 0 & 3 \\ 1 & 2 & 1 \end{pmatrix}$；

(4) $\begin{pmatrix} 1 & 2 & 0 \\ 1 & 8 & 9 \\ 0 & -1 & 3 \end{pmatrix} - 5\begin{pmatrix} 0 & 1 & 3 \\ 10 & 1 & -2 \\ 5 & 1 & 3 \end{pmatrix}$.

2. 计算下列各题：

(1) $\begin{pmatrix} 1 \\ 2 \\ 3 \end{pmatrix}(-1 \ 0 \ 5)$；

(2) $\begin{pmatrix} 4 \\ 3 \\ 1 \end{pmatrix}(-2 \ 3)$；

(3) $\begin{pmatrix} 0 & 0 & 1 \\ 0 & 1 & 0 \\ 1 & 0 & 0 \end{pmatrix}\begin{pmatrix} 6 & 2 & -1 \\ 1 & 4 & -6 \\ 3 & -5 & 4 \end{pmatrix}$；

(4) $\begin{pmatrix} 2 & 1 & 4 & 0 \\ 1 & -2 & 3 & 4 \end{pmatrix} \times \begin{pmatrix} 1 & 3 & 0 & -1 \\ 0 & -1 & 2 & 0 \\ 1 & 0 & 2 & 0 \\ 4 & 1 & 3 & 3 \end{pmatrix}$.

§3.3 逆矩阵

一、矩阵的转置

有时我们需要将一个矩阵的行列进行互换，例如，将表3-4的调运情况写成矩阵的形式.

表 3-4

销地\调运吨数\产地	A	B	C
Ⅰ	0	8	5
Ⅱ	3	2	4
Ⅲ	4	3	0
Ⅳ	7	0	0

则该调运方案就可以写成一个4行3列的矩阵 $\begin{pmatrix} 0 & 8 & 5 \\ 3 & 2 & 4 \\ 4 & 3 & 0 \\ 7 & 0 & 0 \end{pmatrix}$.

注意到这个矩阵与第二节例1的表2-1不同的是将其第1行变成了第1列,第2、3行变成第2、3列. 我们把现在这个矩阵称为第二节例1中矩阵的转置矩阵.

定义3.1 把一个 $m \times n$ 矩阵

$$A = \begin{pmatrix} a_{11} & a_{12} & \cdots & a_{1n} \\ a_{21} & a_{22} & \cdots & a_{2n} \\ \vdots & \vdots & & \vdots \\ a_{m1} & a_{m2} & \cdots & a_{mn} \end{pmatrix}$$

的行与列依次互换位置,得到的 $n \times m$ 矩阵,称为 A 的转置矩阵,记为 A^T,即

$$A^T = \begin{pmatrix} a_{11} & a_{21} & \cdots & a_{m1} \\ a_{12} & a_{22} & \cdots & a_{m2} \\ \vdots & \vdots & & \vdots \\ a_{1n} & a_{2n} & \cdots & a_{mn} \end{pmatrix}$$

矩阵的行与列互换,称为矩阵的转置.

可以看出 A^T 的列是由 A 的对应行构成的.

矩阵的转置满足以下运算性质:

(1) $(A^T)^T = A$;

(2) $(A+B)^T = A^T + B^T$;

(3) $(AB)^T = B^T A^T$;

(4) $(kA)^T = kA^T$(k 为实数).

例1 设 $A = \begin{pmatrix} 1 & -1 & 0 \\ 1 & 2 & 1 \end{pmatrix}$,$B = \begin{pmatrix} 4 & -1 \\ 0 & 2 \\ -3 & 2 \end{pmatrix}$,求 A^T,B^T,AB,$B^T A^T$.

解
$$A^T = \begin{pmatrix} 1 & 1 \\ -1 & 2 \\ 0 & 1 \end{pmatrix}$$

$$B^T = \begin{pmatrix} 4 & 0 & -3 \\ -1 & 2 & 2 \end{pmatrix}$$

$$AB = \begin{pmatrix} 1 & -1 & 0 \\ 1 & 2 & 1 \end{pmatrix} \begin{pmatrix} 4 & -1 \\ 0 & 2 \\ -3 & 2 \end{pmatrix} = \begin{pmatrix} 4 & -3 \\ 1 & 1 \end{pmatrix}$$

$$B^T A^T = (AB)^T = \begin{pmatrix} 4 & 1 \\ -3 & 1 \end{pmatrix}$$

例2 证明 $(ABC)^T = C^T B^T A^T$.

证
$$(ABC)^T = C^T (BA)^T = C^T B^T A^T$$

由例可知,矩阵转置的这个运算性质还可以推广到有限矩阵相乘的情况,即

$$(A_1 A_2 \cdots A_k)^T = A_k^T \cdots A_2^T A_1^T$$

二、可逆矩阵

有了矩阵的加法和负矩阵的概念后，我们就可以定义矩阵的减法. 类似地，有了矩阵的乘法，我们是否可以定义矩阵的除法呢？为了弄清这个问题，我们可以先看看数的乘法与除法之间的关系. 设 a 与 b 都是数，且有 $a \neq 0$，则有

$$b \div a = b \times \frac{1}{a}$$

由此看出，有了数乘法之后，要做除法，关键是除数 a 是否有倒数 $\frac{1}{a}$. 显然 0 没有倒数. 如果不等于 0 的数 a 的倒数也称为 a 的逆，那么 a 的逆 $\frac{1}{a}$ 满足下式

$$a \cdot \frac{1}{a} = \frac{1}{a} \cdot a = 1$$

把这种思想延拓到矩阵的运算中来，矩阵 A 能否进行除法，关键是看它能否有一个类似于倒数的矩阵，称为矩阵 A 的"逆"，即考察是否有一个矩阵 B，能使

$$AB = BA = I$$

为此我们引进逆矩阵的概念.

定义 2 对于 n 阶方阵 A，如果有 n 阶方阵 B，且满足

$$AB = BA = I$$

则称矩阵 A 可逆，称 B 为 A 的逆矩阵，记作 A^{-1}.

若 A 是可逆矩阵，则 A 的逆矩阵是唯一的. 这是因为若 B_1，B_2 均为 A 的逆矩阵，则有

$$B_1 A = AB_1 = I, \quad B_2 A = AB_2 = I$$

从而有

$$B_1 = B_1 I = B_1 (AB_2) = (B_1 A) B_2 = IB_2 = B_2$$

所以

$$B_1 = B_2$$

例 3 设

$$A = \begin{pmatrix} 2 & 5 \\ 1 & 3 \end{pmatrix}, \quad B = \begin{pmatrix} 3 & -5 \\ -1 & 2 \end{pmatrix}$$

直接计算可验证

$$AB = BA = \begin{pmatrix} 1 & 0 \\ 0 & 1 \end{pmatrix}$$

所以 A 是可逆的，$A^{-1} = B$；由于定义 2 中，A 与 B 的地位是相同的，当然我们也可以说矩阵 B 也是可逆的，且 A 为 B 的逆矩阵，$B^{-1} = A$.

定理 3.1

设与 B，A 都是 n 阶方阵，若 $AB = I$，则 A 与 B 都可逆，并且 $A^{-1} = B$，$B^{-1} = A$.

例 4 因为 $II = I$，所以 I 是可逆矩阵，且 $I^{-1} = I$.

例 5 因为对任何方阵 B，都有 $OB = BO = O$，所以零矩阵不是可逆矩阵.

三、逆矩阵的性质

由定义可以直接证明可逆矩阵具有下列性质：

(1) 若 A 可逆，则 A^{-1} 也可逆，并且 $(A^{-1})^{-1}=A$.

(2) 若 n 阶方阵 A 与 B 都可逆，则 AB 也可逆，并且
$$(AB)^{-1}=B^{-1}A^{-1}$$

证 因为 A 与 B 都可逆，所以存在 A^{-1} 和 B^{-1}，而
$$(AB)B^{-1}A^{-1}=A(BB^{-1})A^{-1}=AIA^{-1}=AA^{-1}=I$$
$$(B^{-1}A^{-1})(AB)=B^{-1}(A^{-1}A)B=B^{-1}IB=B^{-1}B=I$$

由定义知 AB 可逆，且
$$(AB)^{-1}=B^{-1}A^{-1}$$

此性质可以推广到多个 n 阶矩阵相乘的情形，如 A_1，A_2，A_3 均为 n 阶可逆矩阵，则 $A_1A_2A_3$ 也可逆，且
$$(A_1A_2A_3)^{-1}=A_3^{-1}A_2^{-1}A_1^{-1}$$

(3) 若 A 可逆，则 A^T 也可逆，并且 $(A^T)^{-1}=(A^{-1})^T$.

(4) 若 A 可逆，则 $|A|\neq 0$，且 $|A^{-1}|=|A|^{-1}$.

四、逆矩阵的判断

由例 5 知道，并不是所有的方阵都是可逆的，于是我们首先需要研究如何判断方阵 A 是否可逆的问题．这一问题的研究需要用到方阵行列式这一工具．

假如方阵 A 可逆，则存在 A^{-1}，使
$$AA^{-1}=I$$
于是
$$|AA^{-1}|=|A||A^{-1}|$$
所以
$$|A||A^{-1}|=1$$
即必有
$$|A|\neq 0$$

今后我们把满足 $|A|\neq 0$ 的方阵 A 称为非奇异的（或非退化的），否则就称为奇异的（或退化的），我们把上面的结论归述为定理．

定理 1 方阵 A 可逆的充分必要条件为 A 是非奇异矩阵，即 $|A|\neq 0$.

例 6 判断矩阵
$$A=\begin{pmatrix} 1 & 2 & 3 \\ 1 & 1 & 2 \\ 0 & 1 & 1 \end{pmatrix}$$
是否可逆．

解

$$|A| = \begin{vmatrix} 1 & 2 & 3 \\ 1 & 1 & 2 \\ 0 & 1 & 1 \end{vmatrix} = 0$$

由定理 3.21 知 A 不可逆.

五、逆矩阵的求法

定理 3.3

对于方阵 A，如果 $|A| \neq 0$，则 A 可逆，且 $A^{-1} = \dfrac{1}{|A|} A^*$.

其中，A^* 是 A 的伴随矩阵

$$A = \begin{pmatrix} a_{11} & a_{12} & \cdots & a_{1n} \\ a_{21} & a_{22} & \cdots & a_{2n} \\ \vdots & \vdots & & \vdots \\ a_{n1} & a_{n2} & \cdots & a_{nn} \end{pmatrix}, \quad A^* = \begin{pmatrix} A_{11} & A_{21} & \cdots & A_{n1} \\ A_{12} & A_{22} & \cdots & A_{n2} \\ \vdots & \vdots & & \vdots \\ A_{1n} & A_{2n} & \cdots & A_{nn} \end{pmatrix}$$

例 7 求二阶方阵 $A = \begin{pmatrix} 1 & -2 \\ -1 & 3 \end{pmatrix}$ 的逆矩阵.

解 因为

$$|A| = \begin{vmatrix} 1 & -2 \\ -1 & 3 \end{vmatrix} = 3 - 2 = 1 \neq 0$$

所以 A 可逆.

而 $A^* = \begin{pmatrix} 3 & 2 \\ 1 & 1 \end{pmatrix}$，

所以

$$A^{-1} = \dfrac{1}{|A|} A^* = \begin{pmatrix} 3 & 2 \\ 1 & 1 \end{pmatrix}$$

例 8 求三阶方阵 $A = \begin{pmatrix} 2 & 2 & 1 \\ 3 & 1 & 5 \\ 3 & 2 & 3 \end{pmatrix}$ 的逆矩阵.

解 因为 $|A| = 1$，

所以 A 可逆.

而

$$A^* = \begin{pmatrix} -7 & -4 & 9 \\ 6 & 3 & -7 \\ 3 & 2 & -4 \end{pmatrix}$$

所以

$$A^{-1} = \dfrac{1}{|A|} A^* = \begin{pmatrix} -7 & -4 & 9 \\ 6 & 3 & -7 \\ 3 & 2 & -4 \end{pmatrix}$$

习题 3-3

求下列矩阵的逆矩阵：

(1) $\begin{pmatrix} 6 & 7 & 2 \\ 2 & 1 & 3 \\ 4 & 5 & 1 \end{pmatrix}$; (2) $\begin{pmatrix} 0 & 1 & 1 \\ 1 & 1 & 4 \\ 2 & -1 & 0 \end{pmatrix}$; (3) $\begin{pmatrix} 1 & 2 & 2 \\ 2 & 1 & -2 \\ 2 & -2 & 1 \end{pmatrix}$.

§3.4 线性代数在密码学中的应用

在密码学中，称原来的消息为明文，经过伪装了的明文则成了密文，由明文变成密文的过程称为加密，由密文变成明文的过程称为解密．明文和密文之间的转换是通过密码实现的．

在英文中，有一种对消息进行保密的措施，就是把消息中的 26 个英文字母与 1~26 的整数建立一一对应的关系，称之为明文字母的表值（见表 3-5），用一个整数来表示，然后传送这组整数．

表 3-5

A	B	C	D	E	F	G	H	I	J	K	L	M
1	2	3	4	5	6	7	8	9	10	11	12	13
N	O	P	Q	R	S	T	U	V	W	X	Y	Z
14	15	16	17	18	19	20	21	22	23	24	25	0

例如，发送 "SEND MONEY" 这九个字母就可用 "19，5，14，4，13，15，14，5，25" 这九个数来表示．显然 5 代表 E，13 代表 M，…，这种方法很容易被破译．在一段很长的消息中，根据数字出现的频率，往往可以大体估计出它所代表的字母．例如，出现频率特别高的数字很可能对应出现频率特别高的字母．

下面我们介绍一种传统的密码体制——Hill 密码．

若要发出信息 action，使用上述代码，则此信息的编码是：1，3，20，9，15，14．将 3 个字母分成一组，可以写成两个向量：

$\boldsymbol{b}_1 = \begin{pmatrix} 1 \\ 3 \\ 20 \end{pmatrix}$，$\boldsymbol{b}_2 = \begin{pmatrix} 9 \\ 15 \\ 14 \end{pmatrix}$，写成矩阵 $\boldsymbol{B} = \begin{pmatrix} 1 & 9 \\ 3 & 15 \\ 20 & 14 \end{pmatrix}$.

现任选一个加密矩阵，例如

$\boldsymbol{A} = \begin{pmatrix} 1 & 2 & 3 \\ 1 & 1 & 2 \\ 0 & 1 & 2 \end{pmatrix}$，我们对原文进行加密，然后再发送，即

$$AB = \begin{pmatrix} 1 & 2 & 3 \\ 1 & 1 & 2 \\ 0 & 1 & 2 \end{pmatrix} \begin{pmatrix} 1 & 9 \\ 3 & 15 \\ 20 & 14 \end{pmatrix} = \begin{pmatrix} 67 & 81 \\ 44 & 52 \\ 43 & 43 \end{pmatrix} = C$$

对方收到信息后，可以依照事先规定的加密矩阵予以解密.

我们取 $A^{-1} = \begin{pmatrix} 0 & 1 & -1 \\ 2 & -2 & -1 \\ -1 & 1 & 1 \end{pmatrix}$，以从中恢复明码，

也即 $A^{-1}C = \begin{pmatrix} 0 & 1 & -1 \\ 2 & -2 & -1 \\ -1 & 1 & 1 \end{pmatrix} \begin{pmatrix} 67 & 81 \\ 44 & 52 \\ 43 & 43 \end{pmatrix} = \begin{pmatrix} 1 & 9 \\ 3 & 15 \\ 20 & 14 \end{pmatrix}$.

对照事先规定好的对应表，可以恢复明码，即 action.

当然，加密矩阵可以任取，只是要求可逆.

再如前面提到的明文 "SEND MONEY"，使用 Hill 密码进行加密和解密，我们可以用矩阵乘法对这个消息进一步加密. 假如 A 是一个对应行列式等于 ± 1 的整数矩阵，则 A^{-1} 的元素也必定是整数. 可以用这样一个矩阵对消息进行变换，而经过这样变换的消息是较难破译的. 为了说明问题，设

$$A = \begin{pmatrix} 1 & 0 & 0 \\ 3 & 1 & 5 \\ -2 & 0 & 1 \end{pmatrix}$$

则

$$A^{-1} = \begin{pmatrix} 1 & 0 & 0 \\ -13 & 1 & -5 \\ 2 & 0 & 1 \end{pmatrix}$$

把编了码的消息组成一个矩阵

$$B = \begin{pmatrix} 19 & 4 & 14 \\ 5 & 13 & 5 \\ 14 & 15 & 25 \end{pmatrix}$$

乘积

$$AB = \begin{pmatrix} 1 & 0 & 0 \\ 3 & 1 & 5 \\ -2 & 0 & 1 \end{pmatrix} \begin{pmatrix} 19 & 4 & 14 \\ 5 & 13 & 5 \\ 14 & 15 & 25 \end{pmatrix} = \begin{pmatrix} 19 & 4 & 14 \\ 132 & 100 & 172 \\ -24 & 7 & -3 \end{pmatrix}$$

所以，发送出去的消息为 "19, 132, -24, 4, 100, 7, 14, 172, -3". 这与原来的那组数字不大相同，例如，原来两个相同的数字 5 和 14 在变换后成为不同的数字，所以就难于按照其出现的频率来破译了. 而接收方只要将这个消息乘以 A^{-1}，就可以恢复原来的消息.

$$\begin{pmatrix} 1 & 0 & 0 \\ -13 & 1 & -5 \\ 2 & 0 & 1 \end{pmatrix} \begin{pmatrix} 19 & 4 & 14 \\ 132 & 100 & 172 \\ -24 & 7 & -3 \end{pmatrix} = \begin{pmatrix} 19 & 4 & 14 \\ 5 & 13 & 5 \\ 14 & 15 & 25 \end{pmatrix}$$

要发送的消息可以按照两个或三个一组排序，如果是两个字母为一组，那么选二阶可逆矩阵，如果是三个字母为一组，则选三阶可逆矩阵．在字母分组的过程中，如果最后一组字母缺码，则要用 Z 或 YZ 空格顶位，空格用 0 表示．

课程思政：

密码在金融、税务、海关、电力、公安等重要领域的网络和信息系统中得到广泛应用，取得了良好的社会效益和经济效益．密码乃国之重器，是保护国家利益的战略性资源，是网络安全的核心技术和基础支撑．安全是发展的前提，发展是安全的保障，安全和发展要同步推进．没有网络安全就没有国家安全，我们要在网络安全领域加快推进国产自主可控替代计划，构建安全可控的信息技术体系，争取在关键核心技术某些领域、某些方面实现"弯道超车"．我们要牢记总书记的嘱托，在网络和信息化大发展的同时，清醒认识到我国网络与信息安全面临的严峻形势．

习题 3-4

1. 对要发出的信息进行加密：I LOVE YOU，加密矩阵为 $A = \begin{pmatrix} 1 & 0 & 1 \\ -1 & 1 & 0 \\ 0 & 0 & -1 \end{pmatrix}$．

2. 对第 1 题的密文根据加密矩阵破译密文．

第4章 图论与博弈论漫谈

§4.1 七桥问题

一、七桥问题——拓扑学的起源

濒临蓝色的波罗的海,有一座古老而美丽的城市,叫作哥尼斯堡城,哥尼斯堡城是著名哲学家康德(Immanuel Kant,1724—1804年)的出生地,是座历史古城,城中有一条河,叫布勒格尔河,布勒格尔河的两条支流在这里汇合,然后横贯全城,流入大海. 河心有一个小岛. 河水把城市分成了4块,于是,人们建造了7座各具特色的桥,把哥尼斯堡城连成一体,如图4-1所示.

早在18世纪,这里迷人的风光,形态各异的小桥吸引了众多的游客,游人在陶醉于美丽风光的同时,不知不觉间,脚下的桥梁触发了人们的灵感,一个有趣的问题在居民中传开了.

谁能够一次走遍所有的7座桥,而且每座桥都只通过一次?这个问题似乎不难,谁都乐意用这个问题来测试一下自己的智力. 可是,谁也没有找到一条这样的路线. 连以博学著称的大学教授们,也感到一筹莫展. 这个问题极大地刺激了具有强烈研究兴趣的德意志人的好奇心,许多人热衷于解决这个问题,然而始终未能成功. "七桥问题"难住了哥尼斯堡城的所有居民. 哥尼斯堡城也因七桥问题而出了名. 这就是数学史上著名的七桥问题.

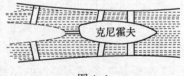

图 4-1

后来,有人写信给当时的著名数学家欧拉. 千百人的失败,使欧拉猜想:也许那样的走法根本就不可能. 公元1737年,欧拉证明了自己的猜想,当时他年仅30岁.

如图4-2所示,欧拉从中间的岛区 B 出发,经过 e 桥到达北区 C,又从 d 桥回到岛区 B,过 b 桥进入东区 A,再经 c 桥到达南区 D,然后过 f 桥回到岛区 B. 现在,只剩下 a 和 g 两座桥没有通过了. 显然,从岛区 B 要过 a 桥,只有先过 b、d 或 e 桥,但这三座桥都已走过了. 这种走法宣告失败. 欧拉又换了一种走法:

    岛→东→北→岛→南→岛→北

这种走法还是不行,因为 c 桥还没有走过.

欧拉连试了好几种走法都不行,这问题可真不简单!他算了一下,走法很多,共有 $7×6×5×4×3×2×1 = 5\,040$(种). 如果沿着所有可能的路线都走一次,一共要走 5 040 次.

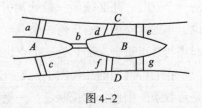

图 4-2

好家伙，这样一种方法、一种方法地试下去，要试到哪一天，就算是一天走一次，也需要13年多的时间才能得出答案。他想：不能这样呆笨地试下去，得想别的方法。

聪明的欧拉终于想出一个巧妙的办法。他用 A 代表岛区，B、C、D 分别代表北、东、西三区，并用曲线弧或直线段表示七座桥，如图4-3所示，这样一来，七座桥的问题，就转变为数学分支"图论"中的一个一笔画问题，即能不能一笔不重复地画出上面的这个图形。

欧拉集中精力研究了这个图形，发现中间每经过一点，总有画到那一点的一条线和从那一点画出来的一条线。这就是说，除起点和终点以外，经过中间各点的线必然是偶数。如图4-3所示，因为是一个封闭的曲线，所以经过所有点的线都必须是偶数才行。而图4-3中，经过 B 点的线有五条，经过 A、C、D 三点的线都是三条，没有一个是偶数，从而说明，无论从哪一点出发，最后总有一条线没有画到，也就是有一座桥没有走到。欧拉终于证明了，要想一次不重复地走完七座桥，那是不可能的。

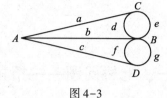

图4-3

天才的欧拉只用了一步证明，就概括了5 040种不同的走法，从这里我们可以看到，数学的威力多么大呀！

二、欧拉解决七桥问题的思考方法

剖析一下欧拉的解法是饶有趣味的。

第一步，欧拉把七桥问题抽象成一个合适的数学模型。他想：两岸的陆地与河中的小岛，都是桥梁的连接点，陆地的大小、形状均与问题本身无关。因此，不妨把陆地看作4个点、7座桥是7条必须经过的路线，路线的长短、曲直，也与问题本身无关。因此，不妨任意画7条线来表示7座桥。

就这样，欧拉将七桥问题抽象成了一个"一笔画"问题。怎样不重复地通过7座桥，变成了怎样不重复地画出一个几何图形的问题。

之前，人们是要求找出一条不重复的路线，欧拉想，成千上万的人都失败了，这样的路线也许是根本不存在的。如果根本不存在，硬要去寻找它岂不是白费力气！于是，欧拉接下来着手判断：这种不重复的路线究竟存在不存在？改变了一下提问的角度，欧拉抓住了问题的实质。

最后，欧拉认真考察了一笔画图形的结构特征。

欧拉发现，凡是能用一笔画成的图形，都有这样一个特点：每当用笔画一条线进入中间的一个点时，还必须画一条线离开这个点。否则，整个图形就不可能用一笔画出。也就是说，单独考察图中的任何一个点（除起点和终点外），这个点都应该与偶数条线相连；如果起点与终点重合，那么连这个点也应该与偶数条线相连。

在七桥问题的几何图中，A、C、D 三点分别与3条线相连，B 点与5条线相连。连线都是奇数条。因此，欧拉断定：一笔画出这个图形是不可能的。也就是说，不重复地通过7座桥的路线是根本不存在的！

在分析上面的例子时,利用的是数学中常见的思考方法之一——转化,即如何把一个实际问题转化为一笔画判断问题,用一笔画原理可以解决许多有趣的实际问题.

图4-4所示为某展览馆的平面图,那么一个参观者能否不重复地穿过每一扇门?我们先将展览馆的物理背景图变换并简化为一种数学图形,将每个展室看成一个点,将室外看成点e,每扇门看成一条线,两个展室间有门相通表示两个点间有线相连,便得到图4-5,由此就将能否不重复地穿过每扇门这样一个实际问题转化为一笔画问题了. 由图4-5可知,其中只有a、d两个奇点. 根据一笔画原理,参观者只要从a或d展室开始走便可以不重复地穿过每一扇门.

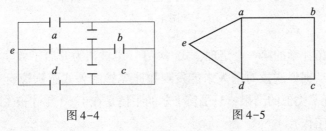

图4-4　　　　　　　图4-5

相传欧拉在解决了七桥问题之后,曾仿照七桥问题编了一个"十五桥问题". 有兴趣的读者不妨做一做.

七桥这一几何问题是欧几里得几何学中未研究过的问题. 在以前的欧几里得几何学里,不论怎样移动图形,图形的大小和形状都是不变的;而欧拉在解决七桥问题时,把陆地变成了点,桥梁变成了线,而且线段的长短、曲直,交点的准确方位、面积、体积等概念,都变得没有意义了. 不妨把七桥画成别的什么类似的形状,照样可以得出与欧拉一样的结论.

显然,图中什么都可以变,唯独点线之间的相关位置,或相互连接的情况不能变. 欧拉认为对这类问题的研究,属于一门新的几何学分支,他称之为"位置几何学". 但人们把该学科通俗地叫作"橡皮几何学". 后来,这门数学分支被正式命名为"拓扑学(Topology)".

另外,这种对图形的讨论,也形成数学中一应用广泛且极有趣的分支,即图论(Graph Theory). 而欧拉解决七桥问题的论文,也成为图论中第一篇论文.

欧拉对一笔画图形的一些结果:

(1) 每一图形之奇点数必为偶数;

(2) 一图形若无奇点,则可以一笔画完成,且起点与终点相同;

(3) 一图形若恰有两个奇点,则由一奇点出发,可以一笔终止于另一奇点;

(4) 一图形若奇点数超过两个,则无法一笔画完成.

上述(2)与(3)只对连通的图形才成立.

欧拉对七桥问题的研究,是拓扑学研究的先声.

1750年,欧拉又发现了一个有趣的现象. 欧拉得到了后人以他名字命名的"多面体欧拉公式". 正4面体有4个顶点、6条棱,它的面数加顶点数减去棱数等于2;正6面体有8个顶点、12条棱,于是,它的面数加顶点数减去棱数也等于2. 接着,欧拉又考察了正12面体、正24面体,发现都有相同的结论. 于是继续深入研究这个问题,终于发现了一个著名的定理

$$F(\text{面数}) + V(\text{顶点数}) - E(\text{棱数}) = 2 \qquad (4-1)$$

从这个公式可以证明正多面体只有五种，即正四面体、正八面体、正二十面体、正六面体、正十二面体，如图 4-6 所示．

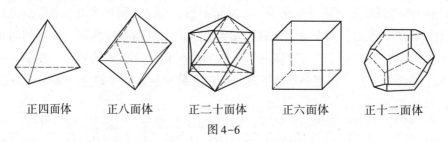

正四面体　　正八面体　　正二十面体　　正六面体　　正十二面体

图 4-6

有人说，这是拓扑学的第一个定理，式 (4-1) 也被认为开启了数学史上新的一页，促成了拓扑学的发展．据说欧拉对前人未能发现如此美妙的公式感到惊讶（后来知道，笛卡尔于 1639 年便发现了类似的结果，只是笛卡尔的手稿是在 1860 年才被发现，因此欧拉当时并不知道笛卡尔的工作）．

拓扑学中有许多非常奇妙的结论．首先我们注意到：一个普通的曲面有两个面，这两个面可以各涂以不同的颜色，若该图形为封闭，则此二色不会相遇．若限制蚂蚁不经过边界，则小蚂蚁永远在同一面上．若将一狭长的长方形纸片两端粘住（不扭转），且沿着中间剪开，则会得到两个分开的大小相同的纸环．

但若我们取一张小纸条，将纸条的一端扭转 180 度，再与纸条的另一端粘贴起来，即使沿中间线将莫比乌斯带剪开，别看这个小纸条制作起来挺简单，却奇特得叫人不可思议．例如，放一只蚂蚁到纸带上，沿着一面一直往前爬，那么，这只蚂蚁就可以一直爬遍纸带的两个面．若从某一位置开始涂色，只要顺着环一直涂，最后会返回起始点，因此只要一色便够了．即使沿虚线将莫比乌斯带剪开，它也不会断开，仅仅只是长度增加了一倍而已．（读者不妨试一试）

"走迷宫"是一种非常有趣的数学游戏．实际上，所谓迷宫，是指拓扑学里一种很简单的封闭曲线．法国数学家约当指出：要判断一个点在迷宫的内部还是外部，有一种很巧妙的方法，就是：先在迷宫的最外面找一点，用直线将这两个点连接起来，再考察直线与封闭曲线相交的次数．如果相交次数是奇数，则已知点在迷宫的内部，从这里是走不出迷宫的；反之则一定能走出迷宫．在欧拉之后，人们又陆续发现了一些拓扑学定理．但这些知识都很零碎，直到 19 世纪的最后几年里，法国数学家庞加莱开始深入地研究拓扑学，才奠定了这个数学分支的基础．

现在，拓扑学已成为 20 世纪最丰富多彩的一个数学分支．

例 1 下面是一个公园的平面路线图，要使游客进入公园后，走遍每条路而且不重复，请问：出、入口应分别设在哪里？

解答：

要使游客走遍每条路而且不重复，也就要求一笔画出路线图．所以我们要分析图中的奇点，有没有？有的话，有几个？

经观察，只有 B、F 两个奇点，所以，只要出、入口分别设置在 B、F 点上，游客就可以从入口进去，不重复地走遍每条路，再从出口处离开公园.

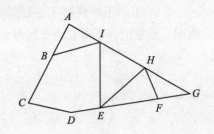

课程思政：

我们国家资源丰富但人均资源还比较匮乏. 耕地资源占世界 9%，人均却不到 1.4 亩[①]，是世界平均水平的 1/3；水资源总量占世界水资源总量的 7%，居第 6 位，但人均占有量仅有 $2\,400\ m^3$，为世界人均水量的 25%，居世界第 119 位，是全球 13 个贫水国之一；我国石油资源贫乏，人均占有量还不到世界人均的 1/10. 中国人口众多，煤炭资源的人均占有量约为 234.4 t，而世界人均的煤炭资源占有量为 312.7 t，美国人均占有量更高达 1 045 t，远高于中国的人均水平. 通过七桥问题的学习，我们应该明白，进行合理的规划，做到最优分配，可以将有限的资源发挥出最大的功效.

习题 4-1

1. 下图是某少年宫的平面图，共有五个大厅，相邻两厅之间都有门相通（D 与 E 两厅除外）. 问：游人能否从室外进入，而一次不重复地穿过所有的门？如果可以，请指明穿行路线；如果不能，请你想一想，关闭哪扇门后就可以办到？

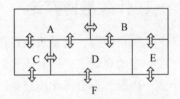

2. 下面是一张公园的平面图，要想使游客走遍每一条路又不重复（最节省时间），公园应如何设置进出口？为什么？

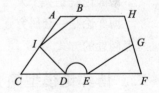

3. 下面是某街道的平面示意图，线表示街道，交点表示各个邮筒，A 点是邮局. 邮递员小张想从邮局出发，不重复地走遍所有街道，经过所有的邮筒，再回到邮局. 他可以做到吗？

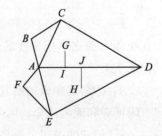

---

① 1 亩 = 666.7 m^2.

4. 小明利用暑假打工，帮助邮政局送信．下面是街道的平面示意图，小明能否不重复地走遍每条街道？

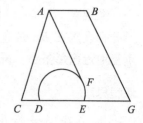

§4.2　博弈论概论

人生如棋，世事如局，谁运筹帷幄，谁策马驰骋．谈笑间，风物依旧，奈何岁月不复往昔．人生本身就是一场博弈，而人永远是博弈中的局中人，或竞争或合作，下出诸多精彩纷呈、变化多端的棋局．

本章节用通俗易懂的语言对博弈论的策略思维进行深入浅出的探讨，同时结合大量经典事例使这一深奥、抽象的学问在处世、职场、营销、经商、管理等方面得以生动应用，帮助同学们学会博弈论的原理规则，运用博弈论的策略思维，高效地解决现实生活中的各种问题，突破困境，实现人生梦想．

一、什么是博弈论

所谓博弈，就是策略性的互动决策．博弈是指一些个人或组织，面对一定的环境条件，在一定的规则下，同时或先后，一次或多次，从各自允许的行为或策略中进行选择并加以实施，进而各自取得相应结果的过程．

博弈的简单解释就是一种对局游戏活动．如，打牌、玩麻将、下象棋、下围棋、踢足球等．

博弈论就是关于人与人斗争中的"老谋深算"的学问．

博弈论是一套研究互动决策行为的理论．它实际上也可以看作一种思维方式，即谋略性思考问题的方式．

二、博弈论模型简介

博弈论模型可以用五个方面来描述

$$G=\{P,A,S,I,U\}$$

P：为局中人，博弈的参与者，也称为"博弈方"．假设局中人是理性的，是能够独立决策、独立承担责任的个人或组织，局中人以最终实现自身利益最大化为目标（与道德无关）．

A：为各局中人的所有可能的策略或行动的集合．根据该集合是有限还是无限，可分为有限博弈和无限博弈，后者表现为连续对策、重复博弈和微分对策等．

S：博弈的进程，也是博弈进行的次序．局中人同时行动的一次性决策的博弈，称为静态博弈；局中人行动有先后次序，称为动态博弈．

I：博弈信息，能够影响最后博弈结局的所有局中人的情报．信息在博弈中占重要的地位，博弈的赢得很大程度上依赖于信息的准确度与多寡．得益信息是博弈中的重要信息，如果博弈各方对各种局势下所有局中人的得益状况完全清楚，称之为完全信息博弈．反之为不完全信息博弈．在动态博弈中还有一类信息：轮到行动的博弈方是否完全了解此前对方的行动．如果完全了解，则称为"具有完美信息"的博弈；反之，称为"不完美信息的动态博弈"．由于信息不完美，因此博弈的结果只能是概率期望，而不能像完美信息博弈那样有确定的结果．

U：为局中人获得利益，也是博弈各方追求的最终目标．根据各方得益的不同情况，分为"零和博弈"与"变和博弈"．零和博弈中各方利益之间是完全对立的．变和博弈有可能存在合作关系，争取双赢的局面．

三、田忌赛马

有一天，齐王要田忌和他赛马，规定每个人从自己的上中下三等马中各选一匹来赛；并规定，每有一匹马取胜可获千两黄金，每有一匹马落后要付千两黄金．当时，齐王的每一等次的马比田忌同样等次的马都要强，因而，如果田忌用自己的上等马与齐王的上等马比，用自己的中等马与齐王的中等马比，用自己的下等马与齐王的下等马比，则田忌要输三次，因而要输黄金三千两．但是结果，田忌没有输，反而赢了一千两黄金．这是怎么回事呢？原来，在赛马之前，田忌的谋士孙膑给他出了一个主意，让田忌用自己的下等马去与齐王的上等马比，用自己的上等马与齐王的中等马比，用自己的中等马与齐王的下等马比．田忌的下等马当然会输，但是上等马和中等马都赢了．因而田忌不仅没有输掉黄金三千两，还赢了黄金一千两．

$G=\{P, A, S, I, U\}$.

$P=\{$齐王，田忌$\}$.

$A=\{<$上等马,中等马,下等马$>, <$上等马,下等马, 中等马$>, <$中等马,上等马,下等马$>, <$中等马,下等马,上等马$>, <$下等马,中等马,上等马$>, <$下等马,上等马,中等马$>\}$

$S=\{$上-下，中-上，下-中$\}$ 动态博弈

I：齐王不完美信息；田忌完美信息．

U：零和博弈，田忌获胜．

四、博弈分析的特征

（1）基本假设的合理性．

博弈论的基本假设有两个：一个强调个人理性，假设当事人在进行决策时能够充分考虑到他所面临的局势，即他必须并且能够充分考虑到人们之间行为的相互作用及其可能影响，能够做出合乎理性的选择；二是假设对弈者最大化自己的目标函数，通常选择使其收益最大化的策略．从社会生活的实际看，这两个假设是符合人们的心理规律的，因为在各种情形中各行为主体都有自己的利益或目标函数，都面临着选择问题，在客观上也要求他选择最佳策略．从这个意义上看，可以把博弈论描述为一种分析当事人在一定情形中策略选择的方法．博弈论的这种基本假设是非常现实和合理的．

（2）研究对象的普遍性.

随着社会经济的发展，人们的行为之间存在相互作用与相互依赖，不同的行为主体及其不同的行为方式所形成的利益冲突与合作，已成为一种普遍现象，这为博弈论研究提供了十分丰富的研究对象，使博弈论的研究对象具有普遍性. 在现实世界中，一切涉及人们之间利益冲突与一致的问题、一切关于互斗或竞争的问题都是博弈论的研究对象.

（3）研究方法的独特性.

作为一种重要的方法论体系，博弈论有其独特的研究方法，表现在如下几个方面：

一是运用数学方法来描述所研究的问题，所提示的结论在基本概念的定义、均衡的存在性与唯一性的证明、解的稳定性的讨论及许多定理的证明等方面，博弈论从一开始就应用了集合论、泛函分析、实变函数、微分方程等许多现代数学知识和分析工具，具有明显的数学公理化方法特征，从而使博弈论所分析的问题更为精确.

二是研究方法具有抽象化的特征. 博弈论把现实世界中人们之间各种复杂的行为关系进行高度抽象，概括为行为主体间的利益一致与冲突，进而研究人们的策略选择问题，从而抓住了问题的关键和本质. 而且，由于博弈论分析大量使用了现代数学，故使它所描述和分析的过程及所揭示的结论都带有极其抽象的特点.

三是博弈论分析方法所体现的模式化特征. 博弈论方法有四个基本要素：对弈者、博弈规则、行动策略、收益函数，任何一种博弈论分析都离不开这几个要素，这意味着博弈论为人们提供了一个统一的分析框架或基本范式，在这种分析框架中可以构建经济行为模型，并能在该模型中考虑各种情形中的信息特征和动态特征，从而使博弈论能够分析和处理其他数学工具难以处理的复杂行为（如非均衡和动态问题），成为对行为主体间复杂过程进行建模的最适合的工具.

四是博弈论方法所涉及的学科的综合性. 在博弈论分析中，不仅要应用现代数学的大量知识，还涉及经济学、管理学、心理学和行为科学等.

（4）研究内容和应用范围的广泛性.

由于现实社会中人与人之间行为的相互作用及利益冲突与一致的普遍存在，要求人们面对局势进行策略选择，因此也就需要应用博弈论去研究. 一切都在博弈之中，现实社会中广泛存在的合作与非合作博弈、完全信息与不完全信息下的博弈的事实，使博弈论的研究内容和应用范围十分广泛，涉及政治学、社会学、伦理学、经济学、生物学、军事学等许多领域，在经济学中的应用尤为突出.

（5）研究结论的真实性.

博弈论分析的最根本特征是强调当事人之间行为的相互作用和影响（即个人的收益或效用函数不仅取决于自己的选择，而且还依赖于对手的选择），同时把信息的不完全性作为基本前提之一. 这就使它所研究的问题及所提示的结论与现实非常接近，具有真实性.

（6）方法论的实证性.

从方法论角度看，博弈论研究的是在一定信息结构下，什么是可能的均衡结果（这里的均衡是指对弈双方都采取自认为是最佳策略所形成的一种结局). 博弈论中的最佳策略是经济学意义上的最优化,没有政治、道德的含义,它不作道德上的劝告,在伦理上是中性的,它只回答是什么导致博弈均衡,均衡的结果是什么. "策略均衡并未叫我们必须把效用最大化,它所探讨的是当最大化效用时会发生什么结果;沙伯利值(Shapley Value)并不建议按权力分配赢得,它只是度量权力大小而已;博弈论研究自私自利,但并不推崇自私自利. 博弈论是个工具,它告诉我们激励将被引向何方." 从这个意义上说,博弈论方法具有实证的特征.

五、诺贝尔经济学奖五次钟情博弈论

1994 年 12 月,诺贝尔经济学奖授予了 J. 纳什、J. 海萨尼、R. 泽尔腾三位博弈论专家和经济学家,表明了博弈论在主流经济学中的地位及其对现代经济学的影响与贡献.

1995 年、1996 年,诺贝尔经济学奖分别授予了理性预期学派的卢卡斯和研究信息经济学的莫里斯及维克里,被人们看作博弈论在这两个领域的进一步应用.

2001 年,美国人乔治·阿克尔洛夫、迈克尔·斯彭斯、约瑟夫·斯蒂格利茨三人由于在"对充满不对称信息市场进行分析"领域所做出的重要贡献,而分享 2001 年诺贝尔经济学奖.

2005 年,以色列经济学家罗伯特—奥曼和美国经济学家托马斯—斯切林,因"通过博弈论分析加强了我们对冲突和合作的理解"所做出的贡献而获奖.

2007 年美国数学博士埃里克·马斯金和罗杰·迈尔森、经济学家莱昂尼德·赫维奇,他们因"经济机制设计"而获奖.

六、超市选址

假如有一个很特别的"山水城市",住房在沿着从西到东一条很长的街道均匀排开,道路和住宅以外都是不宜行走的陡坡、水面和农田. 想要在这个城市开设一家超市,这家超市开设在这条长路中间的位置最好,因为这样可以从总体上使顾客节省走路的时间,离商店最远的顾客距离商店只有路长的一半.

假如有两家公司都想在这个城市开设超市,那么这两家公司应该选择开在街道的什么位置对自己最有利?

着眼于总体上节省顾客走路时间,最理想的方案是两家超市分别开设在街道的 1/4 和 3/4 的地方. 这样,离商店最远的顾客距离商店只有街道的 1/4.

但是,公司在选址的时候,不会着眼于总体上节省顾客走路时间,而是考虑怎样有利于争取更多的顾客. 如果多数居民距离超市 1 比较近而距离超市 2 比较远,超市 1 就会在竞争中占据"地利"的优势. 正是出于这样的考虑,促使两家超市都想往中间挤.

两家超市都开在街道的正中间是对各自最有利的.

这也是为什么乘客在等待出租车时,会争相向"上游"方向走去.

不知同学们有没有注意到,肯德基和麦当劳往往是比邻而居的.

七、租金的合理分配

中国留学生刚到美国时,大都是两人或三人合租一套公寓,这就面临分摊房租的问题.通常都是互相商量一下,双方认为大致合理就行了,而有人运用博弈论设计了一个分摊房租的合理模式.

学生 A,B 二人决定合租一套两室一厅两卫的公寓,每月租金 550 美元. 1 号房是主卧室,宽敞明亮,带单独卫生间;2 号房相对小一些,用客厅卫生间,如果有客人来当然也得用这个卫生间,学生 A 的经济条件较好,学生 B 则稍差一些. 现在考虑怎样分摊这 550 美元房租.

第一步,学生 A,B 两人各自把自己认为合适的方案写在纸上:A_1,A_2;B_1,B_2 分别表示两人认为各房间合适的房租,显然,$A_1+A_2=B_1+B_2=550$.

第二步,依照两人所写的方案决定谁住哪个房间. 如果 $A_1>B_1$(必有 $A_2<B_2$),则学生 A 住 1 号房学生 B 住 2 号房. 比如说 $A_1=310$,$A_2=240$;$B_1=290$,$B_2=260$(可以看出学生 A 宁愿多出一点钱为了能住好的房间,但学生 B 则相反),所以学生 A 住 1 号房,学生 B 住 2 号房.

第三步,定租,每房间的租金等于两人所提数字的平均数,学生 A 的房租 =(310+290)/2=300(元),学生 B 的房租=(240+260)/2=250(元),结果学生 A,B 的房租都比自己提出的租金都少了 10 元钱,双方都满意.

按照这一模式分租,每个人都觉得自己占了便宜,而且双方占了同样大小的便宜,最坏的情形也是"公平合理". 如果有谁觉得吃亏了,那一定是他奸诈想多占便宜没占到,因此他吃亏也是说不出口的,如果运用博弈论的思维进行分析,我们可以得出如下结论:

(1) 由于个人经济条件和喜好不同,两人的分租方案就会产生差别,按照普通的办法就不易达成一致意见. 在上述模式中,这一差别是"剩余价值",被两人分红了,意见分歧越大,分红越多,两人就越满意,最差的情形是两人意见完全一致,觉得谁也没占便宜没吃亏.

(2) 说实话绝不会吃亏,吃亏的唯一原因是撒谎了. 假定学生 A 的方案是他真心认为合理的,那么不管学生 B 的方案如何,学生 A 的房租一定会比自己的方案低,学生 B 也如此.

那么什么情况下学生 A 才会吃亏了呢?也就是分担的房租比自己愿出的租金高. 举一个例子,学生 A 猜想学生 B 对 1 号房的出价不会高于 280 元,为了分得更多剩余价值,学生 A 写了 $A_1=285$,$A_2=265$;学生 B 仍然出价 $B_1=290$,$B_2=260$,那么学生 A 只能住 2 号房了,房租是 262.5 元,还比他原来出价($A_2=240$)高 22.5 元,这是想占便宜没说实话的代价.

(3) 从博弈论的角度分析,特别是了解了对方的偏好情况下,这一模式不一定是最佳对策,但说实话绝不会吃亏.

(4) 三人以上的分房也可用此模型,最好的房间由出价最高者居住,房租取平均值.

八、三方对决

话说有三个仇家，分别叫作张三、李四和王五，他们决定来一场三方对决．张三的枪法最糟糕，精确度有 60%；李四的水平高一点，精确度有 70%；王五枪法最好，精确度有 80%．若三人同时开枪，并且只打一枪，那么谁活下来的概率最大？

对于每一个参与对决的人，最佳结果都是成为唯一幸存者；次佳结果则是成为两个幸存者之一；排在第三位的结果，是无人死亡；最差的结果当然是自己被对方打死．

张三的策略一定是向王五开枪，因为王五枪法最好，对自己的威胁最大；

李四的策略也和张三是一样的，也会向王五开枪；

王五的策略是向李四开枪，因为李四对自己的威胁最大；

那么王五活命的概率是 40%×30% = 12%；

李四活命的概率是 20%；

而张三是安全的，活命的概率是 100%．

这个案例也说明一个道理：你的幸存机会不仅取决于你自己的本事，还要看你威胁到的人．一个没有威胁到任何人的弱者，可能由于较强的对手相互残杀而幸存下来．王五是最厉害的枪手，但在此案例中的幸存概率却最低，只有 12%．

当然这场决斗王五觉得不公平，所谓"英雄难敌四手"．张三，李四两人联合起来一起开枪打王五，王五难以应付．那么，换一种决斗方式，三人轮流开枪，张三枪法最差，先开枪，然后李四再开枪，王五最后开枪，这时候张三的最优策略是什么呢？

假如张三先向李四开枪并击毙对方，那他被击毙的概率就会大大增加，因为接下来轮到王五，他有 80% 的概率击中自己，而王五不可能放弃向张三开枪的机会，因为开枪将使他得到自己的最佳结果．所以，张三向李四开枪不是一个好的选择．

同样张三先向王五开枪并击毙对方也不是一个好的选择．

实际上，张三的最佳策略是向空中开枪！若是这样，李四就会向王五开枪，假如他没打中，王五将向李四开枪，这样张三仍然是最安全的，并携"先手"进入第二轮，他至少有 40% 的概率保住性命．

九、红包

假如你和你的同事各自从公司老板那里得到一个红包，里面的钱可能是 500 元、1 000 元、2 000 元、4 000 元、8 000 元，或者 16 000 元，你知道同事的红包里的钱要么是你的两倍，要么是你的一半．在你拿到了自己的红包，知道了红包里的钱数后，如果你的同事要求和你交换红包，你会愿意吗？

如果你依靠直觉来思考，则你会得到错误的结论．假如你拿到一个 4 000 元的红包，则你知道你的同事的红包要么是 2 000 元，要么是 8 000 元，两者的概率相等，所以你的期望收入是 5 000 元，高于你自己现在的 4 000 元．如果按照这样的常理进行思考，你会得到应该和同事交换红包的结论．但是，你的这个推理是错误的，因为你没有考虑你的同事的反应．显然，如果他拿的是 8 000 元的红包，他肯定不会提出和你交换；因为他知道你不比他傻，你拿到 16 000 元的红包也不会和他交换，你之所以同意和他交换仅仅是因为你拿到比 16 000 元少的红包．只有当你的同事拿的是 2 000 元的红包时，他才会和你交换，而此时你当然不应该和他交换．

§4.3 均势博弈

1. 纳什与纳什均衡

纳什被认为是一位数学天才，他在 21 岁时就提出了纳什均衡理论，此理论后来成为博弈论的两大基础之一．

1950 年 7 月 13 日，约翰·纳什在自己生日的那一天获得美国普林斯顿高等研究院的博士学位，他那篇仅仅 27 页的博士论文中有一个重要发现，这就是后来被称为"纳什均衡"的博弈理论．正确运用这个方法，将能使共同参与一项经济活动却又利益冲突的各方，在不合作前提下做出有利于自己利益的选择，但最终结果可能共同受益．这个发现被认为是纯粹理性思维的胜利，它推动经济学重构基础理论．

1994 年纳什才获得诺贝尔经济学奖．诺贝尔经济学奖评奖早在 1983 年就已经注意到博弈论对现代经济的巨大影响和作用，纳什均衡被实践证明是对社会行为规律的发现，但是由于纳什的健康原因，直到 1994 年才颁奖．颁奖那天，纳什与始终伴随他走过艰难历程的艾利西亚出现在颁奖大会上，人们为这位天才数学家热烈鼓掌．

2. 囚徒困境

话说有一天，一位富翁在家中被杀，财物被盗．警方在此案的侦破过程中，抓到两个犯罪嫌疑人，斯卡尔菲丝和那库尔斯，并从他们的住处搜出被害人家中丢失的财物．但是，他们矢口否认曾杀过人，辩称是先发现富翁被杀，然后只是顺手牵羊偷了点儿东西．于是警方将两人隔离，分别关在不同的房间进行审讯．由地方检察官分别和每个人单独谈话．检察官说，"由于你们的偷盗罪已有确凿的证据，因此可以判你们一年刑期．但是，我可以和你做个交易．如果你单独坦白杀人的罪行，我只判你三个月的监禁，但你的同伙要被判十年刑．如果你拒不坦白，而被同伙检举，那么你就将被判十年刑，他只判三个月的监禁．但是，如果你们两人都坦白交代，那么你们都要被判 5 年刑．"斯卡尔菲丝和那库尔斯该怎么办呢？

博弈矩阵为：

项目		斯卡尔菲丝	
		招	不招
那库尔斯	招	(5 年，5 年)	(3 个月，10 年)
	不招	(10 年，3 个月)	(1 年，1 年)

相对优势策略划线法

首先，逐次划线标示局中人相对于对方可能的策略选择（一行或一列）的相对优势策略的位置. 双方的优势策略都这样划线后, 如果哪个格子里面两个数字下面都被划线, 这个格子所对应的 (相对优势) 策略组合, 就是一个纳什均衡.

这两个人都会做这样一个盘算: 假如他招了, 我不招, 得坐 10 年监狱; 他招了, 我也招了才 5 年, 所以招了划算. 假如他不招、我不招, 坐一年监狱; 如果他不招, 我招了, 只坐 3 个月, 也是招了划算. 综合以上两种情况考虑, 还是招了划算. 最终, 两个人都选择了招供, 结果都被判 5 年徒刑.

这样两人都选择坦白的策略以及因此被判 5 年的结局被称为 "纳什均衡", 也叫非合作均衡. 因为, 每一方在选择策略时都没有 "共谋" (串供), 他们只是选择对自己最有利的策略, 而不考虑社会福利或任何其他对手的利益. 也就是说, 这种策略组合由所有局中人 (也称当事人、参与者) 的最佳策略组合构成. 没有人会主动改变自己的策略以便使自己获得更大利益.

这个故事说的是, 因为个体为了自己的利益最大, 而不愿意改变决策, 导致整体利益最小. 这样的情景就是个体与环境博弈的结果, 这种状态就是博弈论中所谓的 "纳什均衡", 又叫作 "全局博弈均衡". 纳什均衡是局中人理智选择的结果. 在现代经济生活中, 纳什均衡的思想经常被应用, 如投资、消费和雇佣关系分析, 生产、库存和维修关系分析, 标价、拍卖和谈判策略制定, 自然资源和污染关系分析, 委托与代理关系分析等都涉及纳什均衡的概念.

3. 美苏争霸的囚徒困境

从军事上看, 二三十年前美国和苏联是世界上的两个超级大国, 他们相互对垒. 假定每一方都有两种策略选择: 一个是扩军, 发展战略核武器, 实施 "星球大战" 等; 另一个是彻底裁军, 直至不设军备. 如果双方都扩军, 则各花费 2 000 亿美元用于军费. 彻底裁军, 则军费为零.

在一个弱肉强食的世界上, 如果美国裁军不设防, 但是苏联扩军, 苏联就可以任意欺辱和损害美国; 反之亦然.

我们假定, 如果双方都裁军, 双方在这场实际上没有对峙的军事对峙中的 "盈利" 都为零. 如果双方都扩军, 那么在这场真正的均势的军事对峙中, 各方的 "盈利" 都等于 $-2\,000$ 亿美元, 双方都花费了军费. 如果一方扩军另一方裁军不设防, 扩军的一方 "赢利" 为 8 000 亿美元, 不设防的一方 "盈利" 为 $-\infty$.

博弈矩阵为:

项目		美国	
		扩军	不扩军
苏联	扩军	$(-2\,000, -2\,000)$	$(8\,000, -\infty)$
	不扩军	$(-\infty, 8\,000)$	$(0, 0)$

双方都扩军是争霸博弈唯一的纳什均衡.

20 多年前, 现实的军备竞赛形式, 的确很像左上角格子代表的情形.

4. 政治家的囚徒困境

1984年，大多数政治家都明白，美国联邦政府的财政赤字太高了．解决财政问题的基本思路，不外乎"节流"和"开源"．联邦政府的巨额开支每一笔都理据充足，所以裁减开支在政治上并不可行．这样一来，大幅增税应该是不可避免的．不过，谁愿意担当政治领导角色，带头主张这么做呢？政治家以讨好选民为己任，增税是选民最不喜欢的事情．民主党总统候选人沃尔特·蒙代尔想要在自己的竞选活动当中为这个政策转变制造声势，却被罗纳德·里根打得落花流水，因为里根许诺绝不加税．

1985年，这个议题陷入僵局，无论你怎么划分政治派别，无论是民主党还是共和党，无论是众议院还是参议院，也无论是政府还是国会，各方都希望把提出加税的主动权推给对方．

从各方角度来看，最好的结果在于，另一方有人提出加税和削减开支，因此他们不得不付出政治代价．反过来，假如自己提出这样的政策，而对方坚守被动局面，并不附和，自己就会落得个最糟糕的下场．双方都知道，与同时坚守被动、眼看巨额赤字上升而无所作为相比，联合起来共同倡议加税和削减开支，共同分享荣誉、分担谴责，显然对整个国家有利，即便对他们自己的政治生涯，从长期而言也会有好处．

这样我们可以画出博弈矩阵：我们把每个结果下各方的收益给出从1到4的排序．

项目		民主党	
		主动	被动
共和党	主动	(3, 3)	(1, 4)
	被动	(4, 1)	(2, 2)

显而易见，对每一方而言，保持被动是一个优势策略．

而这也是真实发生的事情．第99届国会根本没有做出任何加税决定．

第99届国会确实通过了《格拉姆—鲁德曼—霍灵斯法》，这一法案规定以后必须削减财政赤字．不过，这只是一种伪装，好像采取了行动，实际却推迟了做出抉择的时间．这一目的与其说是通过限制财政支出的做法达成，不如说是玩弄会计上的小把戏的结果．

5. 修路博弈

设想农村某地有一个只有两户人家的小居民点，道路情况不好，与外界的交通比较困难．如果修一条路出去，每家都能得到"3"那么多的好处，但是修路的成本相当于"4"．要是没有人协调，张三、李四各自打是否修路的小算盘，那么两家博弈的形势如下：如果两家联合修路，每家分摊的成本是"2"，各得好处"3"，两家的纯"赢利"都是"1"；如果一家修路另一家坐享其成，修路的一家付出"4"而得到"3"，"赢利"是"-1"，坐享其成的一家可以白白赢利"3"（这是因为我们假设修路的并没有路的地权，他总不能因为修了路就不让邻居走）；如果两家都不修路，结果两家的"赢利"都是"0"．

修路博弈的博弈矩阵如下：

项目		张三	
		修路	不修路
李四	修路	(1, 1)	(−1, 3)
	不修路	(3, −1)	(0, 0)

在这个博弈中,纳什均衡是 (0, 0),即两家都不动手,大家都得零.

这是公共品供给的囚徒困境:如果大家都只从自己得益多少出发考虑问题,大家都只打自己的小算盘,结果就谁也不作为,对局锁定在"三个和尚没水喝"的局面,排除了合作双赢的前景.

所以,公共品问题一定要有人协调和管理.

6. 价格大战

可口可乐公司和百事可乐公司几乎垄断了美国的碳酸饮料市场,两个企业都想打垮对手,争取更大的利润.

要增加利润,就要提高商品的价格.东西卖得贵了,钱不就赚得多了吗?

如果只有一家企业垄断了整个市场,提高价格可能会增加利润.现在存在两家相互竞争的企业,消费者可以在两家之间选择.这时候,提价的结果不仅不能增加利润,反而可能使自己企业的利润下降.这里,重要的因素是市场份额.如果你提价,对方没有提价,你的东西贵了,消费者就不买你的东西而买对手的东西了.这样,你的市场份额就会下降很多,利润也会随之下降.对方的价格没有提高,生意比原来好得多,利润就可能大幅度上升.但是,如果两个企业都采取比较高的价格,消费者没有别的选择,贵了也只好买,两个企业的利润都会上升.

假定两个企业都采取比较低的价格,可以各得利润 30 亿美元;都采取比较高的价格,各得 50 亿美元利润;而如果一家采取较高的价格而另外一家采取较低的价格,那么价格高的企业的利润为 10 亿美元,价格低的企业因为多销利润将上升到 60 亿美元.

究竟是采用较高的价格好还是较低的价格好,两个企业都面临选择.

博弈矩阵为:

项目		百事可乐	
		高价	低价
可口可乐	高价	(50, 50)	(10, 60)
	低价	(60, 10)	(30, 30)

很明显,价格博弈的纳什均衡是 (30, 30),即两个公司都采取低价,各赚 30 亿美元.

为什么两个企业那么蠢要进行价格大战呢?那是因为每个企业都以对方为敌手,只关心自己一方的利益.在价格博弈中,只要以对方为敌手,那么不管对方的决策怎样,自己总是采取低价策略会占便宜.这就促使双方都采取低价策略.如果清楚这种前景,双方勾结或合作起来,都实行比较高的价格,那么双方都可以因为避免价格大战而获得较高的利润.有人把这种合作叫作"双赢对局". 在上述企业价格大战博弈中, 如果双方勾结或联手都不降价, 则都将是双赢对局的赢家.

§4.4 智猪博弈

1. 智猪博弈

猪圈里有两头猪, 一头大猪, 一头小猪. 猪圈的一边有个踏板, 每踩一下踏板, 在远离踏板的猪圈的另一边的投食口就会落下 10 个单位的食物, 但踩踏板会付出 2 个单位成本.

如果有一只猪去踩踏板, 另一只猪就有机会抢先吃到另一边落下的食物. 当小猪踩动踏板时, 大猪会在小猪跑到食槽之前刚好吃光所有的食物; 若是大猪踩踏板, 小猪等在食槽边, 大猪可以吃到 6 个单位食物, 小猪可以吃到 4 个单位食物; 若是大猪、小猪一起踩踏板, 则大猪由于吃得快可以吃到 8 个单位食物, 而小猪因为吃得慢而只能吃到 2 个单位食物.

那么, 两只猪各会采取什么策略？

博弈矩阵为:

项目		小猪	
		踩	不踩
大猪	踩	(6, 0)	(4, 4)
	不踩	(10, -2)	(0, 0)

在这个例子中, 对小猪而言, 无论大猪是否踩动踏板, 不踩踏板总是好的选择. 反观大猪, 已明知小猪是不会去踩动踏板的, 自己亲自去踩踏板总比不踩强吧, 所以只好亲历亲为了.

博弈的结果: 小猪将选择"搭便车"策略, 也就是舒舒服服地等在食槽边; 而大猪则为一点残羹不知疲倦地奔忙于踏板和食槽之间.

外传一: 小猪的悲哀.

每次大猪按了开关后, 食物都会被小猪先吃到. 天长日久, 大猪的心理就有些不平衡了, 开始利用身体的优势欺负小猪. 这时小猪有三种选择和下场: 一是"义不食周粟""不食嗟来之食", 最后饿死; 二是奋起反抗, 最后被大猪欺凌而死; 三是苟且偷安, 沦为大猪的奴隶, 要经常给大猪打洗脚水才能得到食物吃.

在"物竞天择、适者生存"的自然规律下, 弱势群体如何博弈, 都难免悲哀的结局.

外传二: 大猪的人道.

话说大猪曾留学欧美, 深受西方人道主义思想的熏陶, 觉得小猪太小了, 小得可怜, 放些食物给他吃也无所谓, 并经常对小猪的生活起居给予人文关怀. 但, 渐渐地那关怀却变成了怜悯和优越感的混合物. 小猪对大猪的关怀自是感激涕零, 常常对游客讲述大猪对自己无微不至的照顾. 但, 渐渐地小猪的态度开始谦卑起来. 最后, 在年终总结会上大猪被主人授予"劳动模范"的光荣称号, 并号召所有的猪都要向大猪学习.

鲁迅在《野草·求乞者》一篇说: "我不布施, 我无布施心, 我但居布施者之上, 给予烦腻，疑心，憎恶."

外传三：圆满的结局.

假设大猪是 MBA 毕业，通晓市场经济规律和现代管理精髓. 在第二轮博弈结束后，大猪开始和蔼地对小猪说："小猪弟弟呀，社会主义提倡'各尽所能、按劳分配'. 为了吃到食物我们应该团结起来，大家轮流去按开关. 你看这样好不？你每按三次开关，我按一次，这样轮流下去好不好？"小猪说："猪大哥呀，为什么我按三次，你才按一次？"大猪说："因为我比你强大呀，你不和我合作就吃不到食物，你不具有谈判优势，只能服从我的条件，这就是市场经济规律."

在第 N 次谈判后，大猪和小猪达成了一致，并签下协议：小猪每按两次开关，大猪去按一次.

2. 职场的智猪博弈

办公室里也会出现这样的场景：有人做"小猪"，舒舒服服地躲起来偷懒；有人做"大猪"，疲于奔命，吃力不讨好. 但不管怎么样，"小猪"笃定一件事：大家是一个团队，就是有责罚，也是落在团队身上，所以总会有"大猪"悲壮地跳出来完成任务. 想一想，你在办公室里扮演的角色，是"大猪"还是"小猪"？

3. AA 制

聚餐时的"AA 制"也是一种容易造成搭便车行为的付费制度，因为费用大家平摊，一个胃口很大的人和一个胃口很小的人一起用餐并实行"AA 制"，那么前者就是强行搭乘后者的便车，相较于他一个人吃饭，他将会点上更多的菜.

当然，"AA 制"还是流行了起来，毕竟浪费的食物分摊到每个人头上的并不多，没人愿意去计较.

4. 为什么大股东挑起监督经理的重任

在一个股份公司里，股东应该承担监督经理的职能. 但是监督经理的工作是很不容易的，需要花费很大的精力和很多的时间去收集信息，并做出分析. 一句话，监督成本是很高的. 但是股东有大有小. 别人向一家公司投资一亿元，是这家公司的大股东，你买了这家公司几手股票，是这家公司的小股东.

假定公司运营得好赢利较多时，分红会是运营得不好时的几倍，那么虽然你这个小股东和他这个大股东都希望公司运营得好，但是利益关切程度却是相差很远. 设想公司运营得好，大股东的分红可以增加 1 千万元，你这个小股东的分红可以增加 1 万元. 增加 1 万元分红当然是好事，但是如果这需要你密切监督经理们的工作，而密切监督经理们的工作的代价远远超过 1 万元，那么你就没有多少积极性去密切监督经理们的工作. 大股东就不一样，哪怕花几万元乃至几十万元的代价雇人监督经理的工作，对他也是很值得的：几万元乃至几十万元代价的监督能换来近千万元的分红增加，何乐而不为？

大股东相当于智猪博弈中的"大猪"，小股东相当于智猪博弈中的"小猪". 在大小股东是否密切监督经理工作的博弈中，大股东因为利益攸关会担当起收集信息、监督经理的工作，小股东坐享其成，可以因大股东的密切监督经理的工作而得益.

5. 贵人行为理应高贵

在上节提到的修路博弈中，我们认为两家的经济实力大致相当. 如果双方的经济实力相差很远，情况又会是怎样？

设想两家住在一起，一家很富有，另外一家由于某些原因近年来手头有些拮据. 这两家有一条年久失修的路与外面的公路网连接.

手头拮据的一家，在别的更紧迫的地方钱都不够用，怎么拿得出钱来修路呢？对于他来说，路是该修了，但是没有钱也就只好将就.

那么，富裕的一家怎么办呢？本来，他可以等到邻居愿意拿钱出来修路的时候再商量两家分摊修路费的事情，但是他等不了. 这不仅因为他是很难容忍每天都要走坑坑洼洼的路，而且还因为路是否修好对他的影响太大了.

假定花 2 000 美元可以修好这条路，对于富裕的一家而言，路修好以后给他带来的新增经营利润等好处相当于 3 000 美元，那么虽然理想的情况是两家各出 1 000 美元，他可以因为修路而得益 3 000−1 000＝2 000（美元），但是自己等不及而全部把路修好的话，也可以得益 3 000−2 000＝1 000（美元）.

最后博弈的结果是：富裕的一家全资把路修好，而贫穷的一家"搭便车"坐享其成.

6. 小国对大国的剥削

石油输出国组织欧佩克，其成员国的生产能力很不相同，沙特阿拉伯的生产能力远远超出其他国家. 为了获得更高的市场利润，欧佩克的主要手段是压缩产量从而提高价格. 但是因为企业还是独立的企业，联盟成员在协议下的"偷步"的激励很大，而且这种激励具有联盟越是成功、偷步的激励就越大的特点. 同属于一个联盟的大成员和小成员，他们的作弊激励并不是一样大. 为了简化问题，我们只讨论沙特阿拉伯和其中的一个小国——科威特的情况.

假定在协议合作的情况下，科威特每天应该生产 100 万桶石油，沙特阿拉伯则生产 400 万桶. 假定对于他们来说，作弊的意思都是每天多生产 100 万桶. 换言之，科威特有两种选择，分别是产量 100 万桶和产量 200 万桶；沙特阿拉伯则为产量 400 万桶和 500 万桶. 这样，基于不同的选择，他们投入市场的总产量可能是 500 万、600 万和 700 万桶. 假定相应的边际利润（每桶价格减去生产成本）分别为 16、12 和 8 美元.

项目		科威特	
		100 万	200 万
沙特	400 万	(6 400, 1 600)	(4 800, 2 400)
	500 万	(6 000, 1 200)	(4 000, 1 600)

科威特有一个优势策略：作弊，每天生产 200 万桶.

沙特阿拉伯也有一个优势策略：遵守合作协议，每天生产 400 万桶.

因此博弈的纳什均衡是：沙特阿拉伯遵守协议，哪怕科威特作弊也一样.

同样的事情见之于许多联盟. 在许多国家，一个大政党和一个或多个小政党必须组成一个联合政府. 大政党一般愿意扮演负责合作的一方，委曲求全，确保联盟不会瓦解，而小政党则坚持他们自己的特殊要求.

北约内部有另一个例子：美国占了防务开支一个超出比例的份额，大大便宜了西欧.

课程思政：

现实中人与人之间、企业与企业之间、国与国之间的不合作，走入囚徒困境的现象很多，通过本章的学习，大家可以认识到现实博弈过程中不合作的根源. 我们可以通过讨论设计机制走出囚徒困境，同时明白在生活中、学习中及未来的工作中合作的有效性和重要性. 另外，在设计机制走出囚徒困境中，可以看出我国法律、制度的必要性、重要性与有效性，我们应该对我国当前各项法律与制度有一个更为清晰和正确的认识.

附录一　常用初等数学公式

一、代数式

1. 乘法公式

$(a+b)(a-b)=a^2-b^2$

$(a\pm b)^2=a^2\pm 2ab+b^2$

$(a\pm b)^3=a^3\pm 3a^2b+3ab^2\pm b^3$

$(a\pm b)(a^2\mp ab+b^2)=a^3\pm b^3$

2. 根式运算公式

$\sqrt[n]{ab}=\sqrt[n]{a}\sqrt[n]{b}\qquad (a\geqslant 0,b\geqslant 0)$

$\sqrt[n]{\dfrac{a}{b}}=\dfrac{\sqrt[n]{a}}{\sqrt[n]{b}}\qquad (a\geqslant 0,b>0)$

$(\sqrt[n]{a})^m=\sqrt[n]{a^m}\qquad (a\geqslant 0)$

$\sqrt[m]{\sqrt[n]{a}}=\sqrt[mn]{a}\qquad (a\geqslant 0)$

二、一元二次方程求根公式

$ax^2+bx+c=0\qquad (a\neq 0)$

求根公式　$x_{1,2}=\dfrac{-b\pm\sqrt{b^2-4ac}}{2a}$

三、指数运算公式

$a^0=1\qquad (a\neq 0)$

$a^{-n}=\dfrac{1}{a^n}\qquad (a\neq 0)$

$a^{\frac{m}{n}}=\sqrt[n]{a^m}\qquad (a\geqslant 0)$

$a^{-\frac{m}{n}}=\dfrac{1}{\sqrt[n]{a^m}}\qquad (a>0)$

$a^m a^n=a^{m+n}$

$\dfrac{a^m}{a^n}=a^{m-n}$

$(a^m)^n=a^{mn}$

$(ab)^n = a^n b^n$

$\left(\dfrac{b}{a}\right)^n = \dfrac{b^n}{a^n}$

四、对数运算性质

以下各公式中对数的真数均要求大于零

$\log_a(M \cdot N) = \log_a M + \log_a N$

$\log_a \dfrac{M}{N} = \log_a M - \log_a N$

$\log_a N^b = b\log_a N$

$\log_a \sqrt[n]{M} = \dfrac{1}{n}\log_a M$

基本恒等式　　$a^{\log_a N} = N$

换底公式　　$\log_a N = \dfrac{\log_b N}{\log_b a}$

五、二项展开公式

$(a+b)^n = C_n^0 a^n + C_n^1 a^{n-1}b + C_n^2 a^{n-2}b^2 + \cdots + C_n^i a^{n-i}b^i + \cdots + C_n^n b^n$

其中 $C_n^i = \dfrac{n!}{i!(n-i)!},\ C_n^0 = C_n^n = 1.$

六、常用数列 $\{a_n\}$ ($n=1,2,\cdots$) 前 n 项求和公式

等差数列：$s_n = \dfrac{(a_1+a_n)n}{2}$

等比数列：$s_n = \dfrac{a_1(1-q^n)}{1-q}$，其中 q 为公比

特别地　（1）　$1+2+3+\cdots+n = \dfrac{n(n+1)}{2}$；

(2) $1^2+2^2+3^2+\cdots+n^2 = \dfrac{1}{6}n(n+1)(2n+1)$；

(3) $1^2+3^2+5^2+\cdots+(2n-1)^2 = \dfrac{1}{3}n(2n-1)(2n+1)$；

(4) $1\times 2 + 2\times 3 + 3\times 4 + \cdots + n(n+1) = \dfrac{1}{3}n(n+1)(n+2).$

七、三角公式

1. 平方和关系

$\sin^2 x + \cos^2 x = 1$

$1+\tan^2 x = \sec^2 x$

$1+\cot^2 x = \csc^2 x$

2. 倍角公式

$\sin 2x = 2\sin x\cos x$

$\cos 2x = \cos^2 x - \sin^2 x = 1 - 2\sin^2 x = 2\cos^2 x - 1$

$\tan 2x = \dfrac{2\tan x}{1-\tan^2 x}$

3. 降幂公式

$\sin^2 x = \dfrac{1-\cos 2x}{2}$

$\cos^2 x = \dfrac{1+\cos 2x}{2}$

4. 两角和差公式

$\sin(x \pm y) = \sin x\cos y \pm \cos x\sin y$

$\cos(x \pm y) = \cos x\cos y \mp \sin x\sin y$

$\tan(x \pm y) = \dfrac{\tan x \pm \tan y}{1 \mp \tan x\tan y}$

5. 和差化积公式

$\sin x + \sin y = 2\sin\dfrac{x+y}{2}\cos\dfrac{x-y}{2}$

$\sin x - \sin y = 2\cos\dfrac{x+y}{2}\sin\dfrac{x-y}{2}$

$\cos x + \cos y = 2\cos\dfrac{x+y}{2}\cos\dfrac{x-y}{2}$

$\cos x - \cos y = -2\sin\dfrac{x+y}{2}\sin\dfrac{x-y}{2}$

6. 积化和差公式

$\sin x\cos y = \dfrac{1}{2}[\sin(x+y) + \sin(x-y)]$

$\cos x\sin y = \dfrac{1}{2}[\sin(x+y) - \sin(x-y)]$

$\cos x\cos y = \dfrac{1}{2}[\cos(x+y) + \cos(x-y)]$

$\sin x\sin y = -\dfrac{1}{2}[\cos(x+y) - \cos(x-y)]$

八、常用不等式

$a^2 + b^2 \geq 2ab$

$|a| - |b| \leq |a-b| \leq |a| + |b|$

附录二　常用积分公式

一、含有 $ax+b$ 的积分 $(a\neq 0)$

1. $\int \dfrac{\mathrm{d}x}{ax+b} = \dfrac{1}{a}\ln|ax+b| + C$

2. $\int (ax+b)^\mu \mathrm{d}x = \dfrac{1}{a(\mu+1)}(ax+b)^{\mu+1} + C \ (\mu \neq -1)$

3. $\int \dfrac{x}{ax+b}\mathrm{d}x = \dfrac{1}{a^2}(ax+b-b\ln|ax+b|) + C$

4. $\int \dfrac{x^2}{ax+b}\mathrm{d}x = \dfrac{1}{a^3}\left[\dfrac{1}{2}(ax+b)^2 - 2b(ax+b) + b^2\ln|ax+b|\right] + C$

5. $\int \dfrac{\mathrm{d}x}{x(ax+b)} = -\dfrac{1}{b}\ln\left|\dfrac{ax+b}{x}\right| + C$

6. $\int \dfrac{\mathrm{d}x}{x^2(ax+b)} = -\dfrac{1}{bx} + \dfrac{a}{b^2}\ln\left|\dfrac{ax+b}{x}\right| + C$

7. $\int \dfrac{x}{(ax+b)^2}\mathrm{d}x = \dfrac{1}{a^2}\left(\ln|ax+b| + \dfrac{b}{ax+b}\right) + C$

8. $\int \dfrac{x^2}{(ax+b)^2}\mathrm{d}x = \dfrac{1}{a^3}\left(ax+b-2b\ln|ax+b| - \dfrac{b^2}{ax+b}\right) + C$

9. $\int \dfrac{\mathrm{d}x}{x(ax+b)^2} = \dfrac{1}{b(ax+b)} - \dfrac{1}{b^2}\ln\left|\dfrac{ax+b}{x}\right| + C$

二、含有 $\sqrt{ax+b}$ 的积分

10. $\int \sqrt{ax+b}\,\mathrm{d}x = \dfrac{2}{3a}\sqrt{(ax+b)^3} + C$

11. $\int x\sqrt{ax+b}\,\mathrm{d}x = \dfrac{2}{15a^2}(3ax-2b)\sqrt{(ax+b)^3} + C$

12. $\int x^2\sqrt{ax+b}\,\mathrm{d}x = \dfrac{2}{105a^3}(15a^2x^2 - 12abx + 8b^2)\sqrt{(ax+b)^3} + C$

13. $\int \dfrac{x}{\sqrt{ax+b}}\mathrm{d}x = \dfrac{2}{3a^2}(ax-2b)\sqrt{ax+b} + C$

14. $\int \dfrac{x^2}{\sqrt{ax+b}}dx = \dfrac{2}{15a^3}(3a^2x^2-4abx+8b^2)\sqrt{ax+b}+C$

15. $\int \dfrac{dx}{x\sqrt{ax+b}} = \begin{cases} \dfrac{1}{\sqrt{b}}\ln\left|\dfrac{\sqrt{ax+b}-\sqrt{b}}{\sqrt{ax+b}+\sqrt{b}}\right|+C\ (b>0), \\ \dfrac{2}{\sqrt{-b}}\arctan\sqrt{\dfrac{ax+b}{-b}}+C\ (b<0) \end{cases}$

16. $\int \dfrac{dx}{x^2\sqrt{ax+b}} = -\dfrac{\sqrt{ax+b}}{bx} - \dfrac{a}{2b}\int \dfrac{dx}{x\sqrt{ax+b}}$

17. $\int \dfrac{\sqrt{ax+b}}{x}dx = 2\sqrt{ax+b} + b\int \dfrac{dx}{x\sqrt{ax+b}}$

18. $\int \dfrac{\sqrt{ax+b}}{x^2}dx = -\dfrac{\sqrt{ax+b}}{x} + \dfrac{a}{2}\int \dfrac{dx}{x\sqrt{ax+b}}$

三、含有 $x^2 \pm a^2$ 的积分

19. $\int \dfrac{dx}{x^2+a^2} = \dfrac{1}{a}\arctan\dfrac{x}{a}+C$

20. $\int \dfrac{dx}{(x^2+a^2)^n} = \dfrac{x}{2(n-1)a^2(x^2+a^2)^{n-1}} + \dfrac{2n-3}{2(n-1)a^2}\int \dfrac{dx}{(x^2+a^2)^{n-1}}$

21. $\int \dfrac{dx}{x^2-a^2} = \dfrac{1}{2a}\ln\left|\dfrac{x-a}{x+a}\right|+C$

四、含有 $ax^2+b\ (a>0)$ 的积分

22. $\int \dfrac{dx}{ax^2+b} = \begin{cases} \dfrac{1}{\sqrt{ab}}\arctan\sqrt{\dfrac{a}{b}}\,x+C\ (b>0), \\ \dfrac{1}{2\sqrt{-ab}}\ln\left|\dfrac{\sqrt{a}\,x-\sqrt{-b}}{\sqrt{a}\,x+\sqrt{-b}}\right|+C\ (b<0) \end{cases}$

23. $\int \dfrac{x}{ax^2+b}dx = \dfrac{1}{2a}\ln|ax^2+b|+C$

24. $\int \dfrac{x^2}{ax^2+b}dx = \dfrac{x}{a} - \dfrac{b}{a}\int \dfrac{dx}{ax^2+b}$

25. $\int \dfrac{dx}{x(ax^2+b)} = \dfrac{1}{2b}\ln\dfrac{x^2}{|ax^2+b|}+C$

26. $\int \dfrac{dx}{x^2(ax^2+b)} = -\dfrac{1}{bx} - \dfrac{a}{b}\int \dfrac{dx}{ax^2+b}$

27. $\int \dfrac{\mathrm{d}x}{x^3(ax^2+b)} = \dfrac{a}{2b^2}\ln\dfrac{|ax^2+b|}{x^2} - \dfrac{1}{2bx^2} + C$

28. $\int \dfrac{\mathrm{d}x}{(ax^2+b)^2} = \dfrac{x}{2b(ax^2+b)} + \dfrac{1}{2b}\int\dfrac{\mathrm{d}x}{ax^2+b}$

五、含有 $ax^2+bx+c\,(a>0)$ 的积分

29. $\int \dfrac{\mathrm{d}x}{ax^2+bx+c} = \begin{cases} \dfrac{2}{\sqrt{4ac-b^2}}\arctan\dfrac{2ax+b}{\sqrt{4ac-b^2}} + C & (b^2<4ac), \\[2mm] \dfrac{1}{\sqrt{b^2-4ac}}\ln\left|\dfrac{2ax+b-\sqrt{b^2-4ac}}{2ax+b+\sqrt{b^2-4ac}}\right| + C & (b^2>4ac) \end{cases}$

30. $\int \dfrac{x}{ax^2+bx+c}\mathrm{d}x = \dfrac{1}{2a}\ln|ax^2+bx+c| - \dfrac{b}{2a}\int\dfrac{\mathrm{d}x}{ax^2+bx+c}$

六、含有 $\sqrt{x^2+a^2}\,(a>0)$ 的积分

31. $\int \dfrac{\mathrm{d}x}{\sqrt{x^2+a^2}} = \operatorname{arsh}\dfrac{x}{a} + C_1 = \ln(x+\sqrt{x^2+a^2}) + C$

32. $\int \dfrac{\mathrm{d}x}{\sqrt{(x^2+a^2)^3}} = \dfrac{x}{a^2\sqrt{x^2+a^2}} + C$

33. $\int \dfrac{x}{\sqrt{x^2+a^2}}\mathrm{d}x = \sqrt{x^2+a^2} + C$

34. $\int \dfrac{x}{\sqrt{(x^2+a^2)^3}}\mathrm{d}x = -\dfrac{1}{\sqrt{x^2+a^2}} + C$

35. $\int \dfrac{x^2}{\sqrt{x^2+a^2}}\mathrm{d}x = \dfrac{x}{2}\sqrt{x^2+a^2} - \dfrac{a^2}{2}\ln(x+\sqrt{x^2+a^2}) + C$

36. $\int \dfrac{x^2}{\sqrt{(x^2+a^2)^3}}\mathrm{d}x = -\dfrac{x}{\sqrt{x^2+a^2}} + \ln(x+\sqrt{x^2+a^2}) + C$

37. $\int \dfrac{\mathrm{d}x}{x\sqrt{x^2+a^2}} = \dfrac{1}{a}\ln\dfrac{\sqrt{x^2+a^2}-a}{|x|} + C$

38. $\int \dfrac{\mathrm{d}x}{x^2\sqrt{x^2+a^2}} = -\dfrac{\sqrt{x^2+a^2}}{a^2 x} + C$

39. $\int \sqrt{x^2+a^2}\,\mathrm{d}x = \dfrac{x}{2}\sqrt{x^2+a^2} + \dfrac{a^2}{2}\ln(x+\sqrt{x^2+a^2}) + C$

40. $\int \sqrt{(x^2+a^2)^3}\,\mathrm{d}x = \dfrac{x}{8}(2x^2+5a^2)\sqrt{x^2+a^2} + \dfrac{3}{8}a^4\ln(x+\sqrt{x^2+a^2}) + C$

41. $\int x\sqrt{x^2+a^2}\,dx = \dfrac{1}{3}\sqrt{(x^2+a^2)^3}+C$

42. $\int x^2\sqrt{x^2+a^2}\,dx = \dfrac{x}{8}(2x^2+a^2)\sqrt{x^2+a^2}-\dfrac{a^4}{8}\ln(x+\sqrt{x^2+a^2})+C$

43. $\int \dfrac{\sqrt{x^2+a^2}}{x}\,dx = \sqrt{x^2+a^2}+a\ln\dfrac{\sqrt{x^2+a^2}-a}{|x|}+C$

44. $\int \dfrac{\sqrt{x^2+a^2}}{x^2}\,dx = -\dfrac{\sqrt{x^2+a^2}}{x}+\ln(x+\sqrt{x^2+a^2})+C$

七、含有 $\sqrt{x^2-a^2}$ ($a>0$) 的积分

45. $\int \dfrac{dx}{\sqrt{x^2-a^2}} = \dfrac{x}{|x|}\text{arch}\dfrac{|x|}{a}+C_1 = \ln\left|x+\sqrt{x^2-a^2}\right|+C$

46. $\int \dfrac{dx}{\sqrt{(x^2-a^2)^3}} = -\dfrac{x}{a^2\sqrt{x^2-a^2}}+C$

47. $\int \dfrac{x}{\sqrt{x^2-a^2}}\,dx = \sqrt{x^2-a^2}+C$

48. $\int \dfrac{x}{\sqrt{(x^2-a^2)^3}}\,dx = -\dfrac{1}{\sqrt{x^2-a^2}}+C$

49. $\int \dfrac{x^2}{\sqrt{x^2-a^2}}\,dx = \dfrac{x}{2}\sqrt{x^2-a^2}+\dfrac{a^2}{2}\ln\left|x+\sqrt{x^2-a^2}\right|+C$

50. $\int \dfrac{x^2}{\sqrt{(x^2-a^2)^3}}\,dx = -\dfrac{x}{\sqrt{x^2-a^2}}+\ln\left|x+\sqrt{x^2-a^2}\right|+C$

51. $\int \dfrac{dx}{x\sqrt{x^2-a^2}} = \dfrac{1}{a}\arccos\dfrac{a}{|x|}+C$

52. $\int \dfrac{dx}{x^2\sqrt{x^2-a^2}} = \dfrac{\sqrt{x^2-a^2}}{a^2 x}+C$

53. $\int \sqrt{x^2-a^2}\,dx = \dfrac{x}{2}\sqrt{x^2-a^2}-\dfrac{a^2}{2}\ln\left|x+\sqrt{x^2-a^2}\right|+C$

54. $\int \sqrt{(x^2-a^2)^3}\,dx = \dfrac{x}{8}(2x^2-5a^2)\sqrt{x^2-a^2}+\dfrac{3}{8}a^4\ln\left|x+\sqrt{x^2-a^2}\right|+C$

55. $\int x\sqrt{x^2-a^2}\,dx = \dfrac{1}{3}\sqrt{(x^2-a^2)^3}+C$

56. $\int x^2\sqrt{x^2-a^2}\,dx = \dfrac{x}{8}(2x^2-a^2)\sqrt{x^2-a^2}-\dfrac{a^4}{8}\ln\left|x+\sqrt{x^2-a^2}\right|+C$

57. $\int \dfrac{\sqrt{x^2-a^2}}{x}dx = \sqrt{x^2-a^2} - a\arccos\dfrac{a}{|x|} + C$

58. $\int \dfrac{\sqrt{x^2-a^2}}{x^2}dx = -\dfrac{\sqrt{x^2-a^2}}{x} + \ln\left|x+\sqrt{x^2-a^2}\right| + C$

八、含有 $\sqrt{a^2-x^2}$ ($a>0$) 的积分

59. $\int \dfrac{dx}{\sqrt{a^2-x^2}} = \arcsin\dfrac{x}{a} + C$

60. $\int \dfrac{dx}{\sqrt{(a^2-x^2)^3}} = \dfrac{x}{a^2\sqrt{a^2-x^2}} + C$

61. $\int \dfrac{x}{\sqrt{a^2-x^2}}dx = -\sqrt{a^2-x^2} + C$

62. $\int \dfrac{x}{\sqrt{(a^2-x^2)^3}}dx = \dfrac{1}{\sqrt{a^2-x^2}} + C$

63. $\int \dfrac{x^2}{\sqrt{a^2-x^2}}dx = -\dfrac{x}{2}\sqrt{a^2-x^2} + \dfrac{a^2}{2}\arcsin\dfrac{x}{a} + C$

64. $\int \dfrac{x^2}{\sqrt{(a^2-x^2)^3}}dx = \dfrac{x}{\sqrt{a^2-x^2}} - \arcsin\dfrac{x}{a} + C$

65. $\int \dfrac{dx}{x\sqrt{a^2-x^2}} = \dfrac{1}{a}\ln\dfrac{a-\sqrt{a^2-x^2}}{|x|} + C$

66. $\int \dfrac{dx}{x^2\sqrt{a^2-x^2}} = -\dfrac{\sqrt{a^2-x^2}}{a^2 x} + C$

67. $\int \sqrt{a^2-x^2}\,dx = \dfrac{x}{2}\sqrt{a^2-x^2} + \dfrac{a^2}{2}\arcsin\dfrac{x}{a} + C$

68. $\int \sqrt{(a^2-x^2)^3}\,dx = \dfrac{x}{8}(5a^2-2x^2)\sqrt{a^2-x^2} + \dfrac{3}{8}a^4\arcsin\dfrac{x}{a} + C$

69. $\int x\sqrt{a^2-x^2}\,dx = -\dfrac{1}{3}\sqrt{(a^2-x^2)^3} + C$

70. $\int x^2\sqrt{a^2-x^2}\,dx = \dfrac{x}{8}(2x^2-a^2)\sqrt{a^2-x^2} + \dfrac{a^4}{8}\arcsin\dfrac{x}{a} + C$

71. $\int \dfrac{\sqrt{a^2-x^2}}{x}dx = \sqrt{a^2-x^2} + a\ln\dfrac{a-\sqrt{a^2-x^2}}{|x|} + C$

72. $\int \dfrac{\sqrt{a^2-x^2}}{x^2}dx = -\dfrac{\sqrt{a^2-x^2}}{x} - \arcsin\dfrac{x}{a} + C$

九、含有 $\sqrt{\pm ax^2+bx+c}$ ($a>0$) 的积分

73. $\int \dfrac{\mathrm{d}x}{\sqrt{ax^2+bx+c}} = \dfrac{1}{\sqrt{a}} \ln\left|2ax+b+2\sqrt{a}\sqrt{ax^2+bx+c}\right| + C$

74. $\int \sqrt{ax^2+bx+c}\,\mathrm{d}x = \dfrac{2ax+b}{4a}\sqrt{ax^2+bx+c} + \dfrac{4ac-b^2}{8\sqrt{a^3}} \ln\left|2ax+b+2\sqrt{a}\sqrt{ax^2+bx+c}\right| + C$

75. $\int \dfrac{x}{\sqrt{ax^2+bx+c}}\,\mathrm{d}x = \dfrac{1}{a}\sqrt{ax^2+bx+c} - \dfrac{b}{2\sqrt{a^3}} \ln\left|2ax+b+2\sqrt{a}\sqrt{ax^2+bx+c}\right| + C$

76. $\int \dfrac{\mathrm{d}x}{\sqrt{c+bx-ax^2}} = -\dfrac{1}{\sqrt{a}} \arcsin \dfrac{2ax-b}{\sqrt{b^2+4ac}} + C$

77. $\int \sqrt{c+bx-ax^2}\,\mathrm{d}x = \dfrac{2ax-b}{4a}\sqrt{c+bx-ax^2} + \dfrac{b^2+4ac}{8\sqrt{a^3}} \arcsin \dfrac{2ax-b}{\sqrt{b^2+4ac}} + C$

78. $\int \dfrac{x}{\sqrt{c+bx-ax^2}}\,\mathrm{d}x = -\dfrac{1}{a}\sqrt{c+bx-ax^2} + \dfrac{b}{2\sqrt{a^3}} \arcsin \dfrac{2ax-b}{\sqrt{b^2+4ac}} + C$

十、含有 $\sqrt{\pm\dfrac{x-a}{x-b}}$ 或 $\sqrt{(x-a)(b-x)}$ 的积分

79. $\int \sqrt{\dfrac{x-a}{x-b}}\,\mathrm{d}x = (x-b)\sqrt{\dfrac{x-a}{x-b}} + (b-a)\ln\left(\sqrt{|x-a|} + \sqrt{|x-b|}\right) + C$

80. $\int \sqrt{\dfrac{x-a}{b-x}}\,\mathrm{d}x = (x-b)\sqrt{\dfrac{x-a}{b-x}} + (b-a)\arcsin\sqrt{\dfrac{x-a}{b-x}} + C$

81. $\int \dfrac{\mathrm{d}x}{\sqrt{(x-a)(b-x)}} = 2\arcsin\sqrt{\dfrac{x-a}{b-x}} + C\,(a<b)$

82. $\int \sqrt{(x-a)(b-x)}\,\mathrm{d}x = \dfrac{2x-a-b}{4}\sqrt{(x-a)(b-x)} + \dfrac{(b-a)^2}{4}\arcsin\sqrt{\dfrac{x-a}{b-x}} + C\,(a<b)$

十一、含有三角函数的积分

83. $\int \sin x\,\mathrm{d}x = -\cos x + C$

84. $\int \cos x\,\mathrm{d}x = \sin x + C$

85. $\int \tan x\,\mathrm{d}x = -\ln|\cos x| + C$

86. $\int \cot x\,\mathrm{d}x = \ln|\sin x| + C$

87. $\int \sec x\,\mathrm{d}x = \ln\left|\tan\left(\dfrac{\pi}{4}+\dfrac{x}{2}\right)\right| + C = \ln|\sec x + \tan x| + C$

88. $\int \csc x \, dx = \ln\left|\tan\dfrac{x}{2}\right| + C = \ln|\csc x - \cot x| + C$

89. $\int \sec^2 x \, dx = \tan x + C$

90. $\int \csc^2 x \, dx = -\cot x + C$

91. $\int \sec x \tan x \, dx = \sec x + C$

92. $\int \csc x \cot x \, dx = -\csc x + C$

93. $\int \sin^2 x \, dx = \dfrac{x}{2} - \dfrac{1}{4}\sin 2x + C$

94. $\int \cos^2 x \, dx = \dfrac{x}{2} + \dfrac{1}{4}\sin 2x + C$

95. $\int \sin^n x \, dx = -\dfrac{1}{n}\sin^{n-1} x \cos x + \dfrac{n-1}{n}\int \sin^{n-2} x \, dx$

96. $\int \cos^n x \, dx = \dfrac{1}{n}\cos^{n-1} x \sin x + \dfrac{n-1}{n}\int \cos^{n-2} x \, dx$

97. $\int \dfrac{dx}{\sin^n x} = -\dfrac{1}{n-1} \cdot \dfrac{\cos x}{\sin^{n-1} x} + \dfrac{n-2}{n-1}\int \dfrac{dx}{\sin^{n-2} x}$

98. $\int \dfrac{dx}{\cos^n x} = \dfrac{1}{n-1} \cdot \dfrac{\sin x}{\cos^{n-1} x} + \dfrac{n-2}{n-1}\int \dfrac{dx}{\cos^{n-2} x}$

99. $\int \cos^m x \sin^n x \, dx = \dfrac{1}{m+n}\cos^{m-1} x \sin^{n+1} x + \dfrac{m-1}{m+n}\int \cos^{m-2} x \sin^n x \, dx$
$= -\dfrac{1}{m+n}\cos^{m+1} x \sin^{n-1} x + \dfrac{n-1}{m+n}\int \cos^m x \sin^{n-2} x \, dx$

100. $\int \sin ax \cos bx \, dx = -\dfrac{1}{2(a+b)}\cos(a+b)x - \dfrac{1}{2(a-b)}\cos(a-b)x + C$

101. $\int \sin ax \sin bx \, dx = -\dfrac{1}{2(a+b)}\sin(a+b)x + \dfrac{1}{2(a-b)}\sin(a-b)x + C$

102. $\int \cos ax \cos bx \, dx = \dfrac{1}{2(a+b)}\sin(a+b)x + \dfrac{1}{2(a-b)}\sin(a-b)x + C$

103. $\int \dfrac{dx}{a+b\sin x} = \dfrac{2}{\sqrt{a^2-b^2}}\arctan\dfrac{a\tan\dfrac{x}{2}+b}{\sqrt{a^2-b^2}} + C \quad (a^2 > b^2)$

104. $\int \dfrac{dx}{a+b\sin x} = \dfrac{1}{\sqrt{b^2-a^2}}\ln\left|\dfrac{a\tan\dfrac{x}{2}+b-\sqrt{b^2-a^2}}{a\tan\dfrac{x}{2}+b+\sqrt{b^2-a^2}}\right| + C \quad (a^2 < b^2)$

105. $\int \dfrac{\mathrm{d}x}{a+b\cos x} = \dfrac{2}{a+b}\sqrt{\dfrac{a+b}{a-b}}\arctan\left(\sqrt{\dfrac{a-b}{a+b}}\tan\dfrac{x}{2}\right) + C\,(a^2>b^2)$

106. $\int \dfrac{\mathrm{d}x}{a+b\cos x} = \dfrac{1}{a+b}\sqrt{\dfrac{a+b}{b-a}}\ln\left|\dfrac{\tan\dfrac{x}{2}+\sqrt{\dfrac{a+b}{b-a}}}{\tan\dfrac{x}{2}-\sqrt{\dfrac{a+b}{b-a}}}\right| + C\,(a^2<b^2)$

107. $\int \dfrac{\mathrm{d}x}{a^2\cos^2 x + b^2\sin^2 x} = \dfrac{1}{ab}\arctan\left(\dfrac{b}{a}\tan x\right) + C$

108. $\int \dfrac{\mathrm{d}x}{a^2\cos^2 x - b^2\sin^2 x} = \dfrac{1}{2ab}\ln\left|\dfrac{b\tan x + a}{b\tan x - a}\right| + C$

109. $\int x\sin ax\,\mathrm{d}x = \dfrac{1}{a^2}\sin ax - \dfrac{1}{a}x\cos ax + C$

110. $\int x^2\sin ax\,\mathrm{d}x = -\dfrac{1}{a}x^2\cos ax + \dfrac{2}{a^2}x\sin ax + \dfrac{2}{a^3}\cos ax + C$

111. $\int x\cos ax\,\mathrm{d}x = \dfrac{1}{a^2}\cos ax + \dfrac{1}{a}x\sin ax + C$

112. $\int x^2\cos ax\,\mathrm{d}x = \dfrac{1}{a}x^2\sin ax + \dfrac{2}{a^2}x\cos ax - \dfrac{2}{a^3}\sin ax + C$

十二、含有反三角函数的积分（其中 $a>0$）

113. $\int \arcsin\dfrac{x}{a}\,\mathrm{d}x = x\arcsin\dfrac{x}{a} + \sqrt{a^2-x^2} + C$

114. $\int x\arcsin\dfrac{x}{a}\,\mathrm{d}x = \left(\dfrac{x^2}{2}-\dfrac{a^2}{4}\right)\arcsin\dfrac{x}{a} + \dfrac{x}{4}\sqrt{a^2-x^2} + C$

115. $\int x^2\arcsin\dfrac{x}{a}\,\mathrm{d}x = \dfrac{x^3}{3}\arcsin\dfrac{x}{a} + \dfrac{1}{9}(x^2+2a^2)\sqrt{a^2-x^2} + C$

116. $\int \arccos\dfrac{x}{a}\,\mathrm{d}x = x\arccos\dfrac{x}{a} - \sqrt{a^2-x^2} + C$

117. $\int x\arccos\dfrac{x}{a}\,\mathrm{d}x = \left(\dfrac{x^2}{2}-\dfrac{a^2}{4}\right)\arccos\dfrac{x}{a} - \dfrac{x}{4}\sqrt{a^2-x^2} + C$

118. $\int x^2\arccos\dfrac{x}{a}\,\mathrm{d}x = \dfrac{x^3}{3}\arccos\dfrac{x}{a} - \dfrac{1}{9}(x^2+2a^2)\sqrt{a^2-x^2} + C$

119. $\int \arctan\dfrac{x}{a}\,\mathrm{d}x = x\arctan\dfrac{x}{a} - \dfrac{a}{2}\ln(a^2+x^2) + C$

120. $\int x \arctan \dfrac{x}{a} \mathrm{d}x = \dfrac{1}{2}(a^2+x^2) \arctan \dfrac{x}{a} - \dfrac{a}{2}x + C$

121. $\int x^2 \arctan \dfrac{x}{a} \mathrm{d}x = \dfrac{x^3}{3} \arctan \dfrac{x}{a} - \dfrac{a}{6}x^2 + \dfrac{a}{6}x^3 \ln(a^2+x^2) + C$

十三、含有指数函数的积分

122. $\int a^x \mathrm{d}x = \dfrac{1}{\ln a} a^x + C$

123. $\int \mathrm{e}^{ax} \mathrm{d}x = \dfrac{1}{a} \mathrm{e}^{ax} + C$

124. $\int x \mathrm{e}^{ax} \mathrm{d}x = \dfrac{1}{a^2}(ax-1) \mathrm{e}^{ax} + C$

125. $\int x^n \mathrm{e}^{ax} \mathrm{d}x = \dfrac{1}{a} x^n \mathrm{e}^{ax} - \dfrac{n}{a} \int x^{n-1} \mathrm{e}^{ax} \mathrm{d}x$

126. $\int x a^x \mathrm{d}x = \dfrac{x}{\ln a} a^x - \dfrac{1}{(\ln a)^2} a^x + C$

127. $\int x^n a^x \mathrm{d}x = \dfrac{1}{\ln a} x^n a^x - \dfrac{n}{\ln a} \int x^{n-1} a^x + \mathrm{d}x$

128. $\int \mathrm{e}^{ax} \sin bx \mathrm{d}x = \dfrac{1}{a^2+b^2} \mathrm{e}^{ax}(a\sin bx - b\cos bx) + C$

129. $\int \mathrm{e}^{ax} \cos bx \mathrm{d}x = \dfrac{1}{a^2+b^2} \mathrm{e}^{ax}(b\sin bx - a\cos bx) + C$

130. $\int \mathrm{e}^{ax} \sin^n bx \mathrm{d}x = \dfrac{1}{a^2+b^2n^2} \mathrm{e}^{ax} \sin^{n-1} bx (a\sin bx - nb\cos bx) + \dfrac{n(n-1)b^2}{a^2+b^2n^2} \int \mathrm{e}^{ax} \sin^{n-2} bx \mathrm{d}x$

131. $\int \mathrm{e}^{ax} \cos^n bx \mathrm{d}x = \dfrac{1}{a^2+b^2n^2} \mathrm{e}^{ax} \cos^{n-1} bx (a\cos bx - nb\sin bx) + \dfrac{n(n-1)b^2}{a^2+b^2n^2} \int \mathrm{e}^{ax} \cos^{n-2} bx \mathrm{d}x$

十四、含有对数函数的积分

132. $\int \ln x \mathrm{d}x = x \ln x - x + C$

133. $\int \dfrac{\mathrm{d}x}{x \ln x} = \ln|\ln x| + C$

134. $\int x^n \ln x \mathrm{d}x = \dfrac{1}{n+1} x^{n+1} \left(\ln x - \dfrac{1}{n+1} \right) + C$

135. $\int (\ln x)^n \mathrm{d}x = x(\ln x)^n - n \int (\ln x)^{n-1} \mathrm{d}x$

136. $\int x^m (\ln x)^n dx = \dfrac{1}{m+1} x^{m+1} (\ln x)^n - \dfrac{n}{m+1} \int x^m (\ln x)^{n-1} dx$

十五、含有双曲函数的积分

137. $\int \operatorname{sh} x dx = \operatorname{ch} x + C$

138. $\int \operatorname{ch} x dx = \operatorname{sh} x + C$

139. $\int \operatorname{th} x dx = \ln \operatorname{ch} x + C$

140. $\int \operatorname{sh}^2 x dx = -\dfrac{x}{2} + \dfrac{1}{4} \operatorname{sh} 2x + C$

141. $\int \operatorname{ch}^2 x dx = \dfrac{x}{2} + \dfrac{1}{4} \operatorname{sh} 2x + C$

十六、定积分

142. $\int_{-\pi}^{\pi} \cos nx dx = \int_{-\pi}^{\pi} \sin nx dx = 0$

143. $\int_{-\pi}^{\pi} \cos mx \sin nx dx = 0$

144. $\int_{-\pi}^{\pi} \cos mx \cos nx dx = \begin{cases} 0, & m \neq n, \\ \pi, & m = n \end{cases}$

145. $\int_{-\pi}^{\pi} \sin mx \sin nx dx = \begin{cases} 0, & m \neq n, \\ \pi, & m = n \end{cases}$

146. $\int_{0}^{\pi} \sin mx \sin nx dx = \int_{0}^{\pi} \cos mx \cos nx dx = \begin{cases} 0, & m \neq n, \\ \dfrac{\pi}{2}, & m = n \end{cases}$

147. $I_n = \int_{0}^{\frac{\pi}{2}} \sin^n x dx = \int_{0}^{\frac{\pi}{2}} \cos^n x dx$

$I_n = \dfrac{n-1}{n} I_{n-2}$

$I_n = \dfrac{n-1}{n} \cdot \dfrac{n-3}{n-2} \cdot \cdots \cdot \dfrac{4}{5} \cdot \dfrac{2}{3}$ （n 为大于 1 的正奇数），$I_1 = 1$

$I_n = \dfrac{n-1}{n} \cdot \dfrac{n-3}{n-2} \cdot \cdots \cdot \dfrac{3}{4} \cdot \dfrac{1}{2} \cdot \dfrac{\pi}{2}$（$n$ 为正偶数），$I_0 = \dfrac{\pi}{2}$

参 考 文 献

[1] 徐涛. 高等数学简明教程［M］. 北京：北京出版社，2019.
[2] 光峰. 高等数学简明教程［M］. 北京：北京邮电大学出版社，2016.
[3] 吴赣昌. 高等数学［M］. 北京：中国人民大学出版社，2015.
[4] 胡桐春. 应用高等数学［M］. 北京：高等教育出版社，2011.
[5] 同济大学数学教研室. 高等数学［M］. 北京：高等教育出版社，2010.
[6] 侯风波. 高等数学［M］. 北京：高等教育出版社，2010.
[7] 朱孝春. 高等数学基础［M］. 北京：高等教育出版社，2011.
[8] 马廷强，丁九桃. 新编高等应用数学［M］. 成都：西南财经大学出版社，2011.
[9] 曾文斗. 高等数学［M］. 北京：高等教育出版社，2010.